机车总体及走行部

主　编　梁美丽　聂秀珍
副主编　赵　杰　高瑞红　焦迎雪
　　　　王　卉　刘　腾
参　编　闫昌红　王雪玲
主　审　行建海

北京理工大学出版社
BEIJING INSTITUTE OF TECHNOLOGY PRESS

内 容 简 介

机车总体及走行部是高职铁道机车车辆专业的一门专业核心课程。本书由走近机车、走近铁路车辆、拆解车体、拆解机车转向架、了解牵引缓冲装置、了解制动装置六大模块组成，内容注重实用性和实践性，强调理论知识为实践技能服务，以适用、够用为原则。全书将模块分解为若干任务，每个任务由学习目标、任务描述、相关知识、任务实施、任务评价、任务测评、拓展阅读等部分组成。每个任务配套相关操作视频，以二维码形式呈现，突出专业技能训练，注重学生的学习能力、思维能力等方面的培养。

本书内容丰富，实用性强，可作为高等院校、高等职院校机械类相关专业教材，也可作为相关从业人员的参考用书。

图书在版编目（CIP）数据

机车总体及走行部 / 梁美丽，聂秀珍主编. -- 北京：
北京理工大学出版社，2024.3
ISBN 978-7-5763-3866-9

Ⅰ. ①机… Ⅱ. ①梁… ②聂… Ⅲ. ①电力机车—行驶系—高等职业教育—教材 Ⅳ. ①U264

中国国家版本馆CIP数据核字（2024）第083176号

责任编辑：高雪梅	**文案编辑**：高雪梅
责任校对：周瑞红	**责任印制**：李志强

出版发行 / 北京理工大学出版社有限责任公司

社　　址 / 北京市丰台区四合庄路6号

邮　　编 / 100070

电　　话 / （010）68914026（教材售后服务热线）
　　　　　　（010）63726648（课件资源服务热线）

网　　址 / http：//www.bitpress.com.cn

版 印 次 / 2024年3月第1版第1次印刷

印　　刷 / 河北鑫彩博图印刷有限公司

开　　本 / 787 mm × 1092 mm　1/16

印　　张 / 16.5

字　　数 / 349千字

定　　价 / 79.50元

前　言

铁路是国民经济和社会发展的大动脉，在我国五大交通运输方式中一直处于首要地位。我国铁路牵引动力经过几十年的发展，尤其经过 20 世纪 80 年代开始的牵引动力改革，铁路机车的技术水平得到很大程度的提高，目前已形成了一个具有一定技术水平和相当规模的完整体系，为繁重的铁路运输提供了可靠的牵引动力。

党的二十大报告在谈到职业教育时提出"推进职普融通、产教融合、科教融汇，优化职业教育类型定位"。未来，国家将会更加重视职业教育的发展，将培养高技能、创新型人才放到和培养学术研究类人才同等重要的位置。本书按照铁道机车车辆专业培养目标和岗位知识技能要求，贯彻全国职教会议精神，结合电力机车和内燃机车的发展及应用情况，选定教材内容：引入铁路机务生产一线的操作规范和检修工艺，在注重专业知识的基础上，突出专业技能的训练，并注重学生学习能力、思维能力等综合素质培养，同时体现铁路机车近些年的飞速发展，采用机车总体技术的新知识、新装备、新工艺和新方法。

机车总体及走行部是高职铁道机车车辆专业的一门专业核心课程。教材内容注重实用性和实践性，强调理论知识为实践技能服务，以适用、够用为原则。全书将模块分解为若干任务，每个任务由学习目标（知识目标、技能目标、素养目标）、任务描述、相关知识、任务实施、任务评价、任务测评、拓展阅读等部分组成。每个任务配套设置相关操作视频，学生扫码即可观看学习，并配套建设在线开放课程，支持学生自主学习，辅助开展课堂活动，提升学习效果。

本书由山西铁道职业技术学院梁美丽、聂秀珍担任主编，由山西铁道职业技术学院赵杰、高瑞红、焦迎雪、王卉、刘腾担任副主编。具体编写分工如下：梁美丽编写模块一；聂秀珍编写模块二；赵杰编写模块三；高瑞红编写模块四；焦迎雪编写模块五；王卉、刘腾共同编写模块六。闫昌红、王雪玲参与编写全套教材的习题。数字资源由山西铁道职业技术学院梁美丽、刘腾、高瑞红、赵杰共同负责制作。

本书在编写过程中参考和借鉴了其他铁路专业书籍、资料，在此一并向相关作者表示感谢！

　　本书虽经编写人员多次讨论、修改，但由于编者水平有限，书中难免存在不足之处，恳请广大读者批评指正。

编　者

目　录

模块一

走近机车

📖 项目简介

　　在宽阔的地平线上，一列列火车，匆匆掠过，如飞箭！人们对电力机车并不陌生，它是我们出行必不可少的交通工具，那么，电力机车的构成是怎样的呢？它的工作原理是什么？它是从哪里来的呢？它的样貌又如何？

任务一 认知世界机车发展史

知识目标

1. 了解世界机车的发展。
2. 知晓世界上较早的几个电力机车公司。

技能目标

1. 能够简述第一台蒸汽机车问世的背景。
2. 可以列举柴油机车的优缺点。
3. 可以列举燃气轮机车的优点。
4. 可以简述动车出现的必然性。
5. 可以列举真空超导磁悬浮列车的优点。

素养目标

1. 具备良好的职业道德。
2. 养成良好的团队沟通协调能力。
3. 学习并传承工匠精神和团队协作能力。

视频：简谈
火车

任务描述

我们进行远距离旅行，往往会乘坐火车，车上有座位、床铺、餐桌、洗手间等，火车简直就是流动的旅馆。坐在平稳的车厢里遥看车外的青山绿水、田园景色，大自然的美景令人心旷神怡。除此之外，火车还担负着运送货物的重任。我们一起去看看火车的过去、现在和未来吧！

相关知识

1825 年 9 月 27 日，史蒂文森亲自驾驶自己设计制造的"动力"1 号机车，拉着 550 名乘客，从达灵顿出发，以 24 km/h 的速度驶向斯托克顿。这被认为是人类历史上第一列用蒸汽机车牵引，在铁路上行驶的旅客列车。

当列车顺利到达斯托克顿时，4万多观众振臂欢呼，祝贺人类历史上这一不平凡的旅行。在1830年最后4个月中，利物浦—曼彻斯特铁路共运载旅客7万人次；1831年的运输总收入达50万英镑；到1832年，英国已拥有24条商用铁路，最兴旺的一条年运载35万人次旅客以及70万吨货物。在美国，仅1832年就建造了17条新铁路。到1936年，全美已有长达2 649 km的铁路。这一年，铁路运载旅客超过10万人次。交通史翻开了新的一页。

蒸汽机车虽然得到广泛应用，但它存在许多难以克服的缺点。比如：它运送的煤的1/4被它自己"吃掉"了，它每行驶80～100 km就要加水，行驶200～300 km就要加煤，行驶5 000～7 000 km还要洗炉；它在行驶中要排放黑烟，污染环境，尤其是在过山洞时，浓烟难以散出去，影响旅客和车上工作人员的健康……正是这些原因，使曾经辉煌一时的蒸汽机车开始退出历史舞台，逐渐被新一代的电力机车和内燃机车所取代。

1879年，德国人西门子制造出一台小型电力机车（图1-1），它由150 V直流发电机供电。这台"不冒烟"的机车引起人们极大的兴趣，电力机车从此发展起来。1890年，英国的电力机车正式用于营业；美国于1895年开始将电力机车应用于干线运输；此后，德国、日本相继研制出了实用的电力机车。

图1-1 世界上最早的电力机车

1879年，世界上第一条电气化铁路在柏林建成。这条由西门子公司设计的铁路长约600 m，有3根铁轨，其中1根专门用来输送电力。

1881年，柏林电气化双轨铁路建成。其中一根铁轨为火线，另一根为地线。1885年，西门子-哈尔斯克公司成立，修建了长6 000 m的电气化铁路，首次采用高架电线来输送电流。

1904年，瑞士又架设了单向交流电压1.5万伏的高压电线，为500马力（约368 kW）的BB型电力机车供电，从此，电气化铁路迅速发展起来。

20世纪初，美国通用电气公司组装了一辆汽油机车。这辆汽油机车用内燃机带动发电机，再通过发电机带动电动机，推动机车前进。

柴油机发明后，由于它的经济性好，很快在铁路上得到广泛应用。1925年，美国新泽西州的中央铁路使用了第一辆220 kW的小型柴油机机车。后来很快出现了2 574 kW甚至5 516 kW的大型机车，可以牵引超过5 000 t的货物，速度高达145 km/h。

电力机车可以获得较高的速度和牵引力，但无论由高架线供电还是由第三轨供电，对于几十千米甚至几万千米的远距离铁路线来说，费用是相当高的，一旦供电线路中断，铁路运输就不得不停止。第二次世界大战后，柴油机车的性能和制造技术迅速提高，功率增加了近一倍，并逐渐向大功率发展，加之石油价格低，促进了内燃机车的发展。美国、英国、加拿大等国都以10年左右的时间实现了内燃机车化。

讨论题1： 电力机车与内燃机车的对比。

我们再来看柴油机车的"胞弟"——燃气轮机车。最早的燃气轮机车是瑞典人于1933年制造的，此后，法国、美国都制造了不同功率的燃气轮机车，并投入使用。燃气轮机车的优点是对燃油质量要求不高，制造和修理简单，用水极少，不怕寒冷，外界气温越低，它的工作效率越高。但它的不足之处是效率比柴油机更低，噪声大，对材料的耐热性要求很高。这在一定程度上制约了燃气轮机车的发展。如果克服了这些缺点，燃气轮机车在交通领域中的发展前景将十分可观。

到1950年，全世界已有近百个国家和地区建成铁路并开始运营。从20世纪30年代开始，铁路受到来自公路和航空等运输方式的威胁，英美和西欧各国纷纷把重点放在改进和更新现有的铁路系统，提高火车的运行速度上。目前的火车与早期的火车相比，速度提高了十几倍，列车总质量与机车功率都提高了数百倍。

最早的动车（图1-2）出现在1906年，是英国人制造的一台电传动150 kW汽油动车，可坐91人，并带有行李间，用于不繁忙地段。到了二十世纪二三十年代，柴油动车发展迅速，采用功率在300 kW以下的卧式柴油机，运行速度可达140 km/h。

图1-2 最早的动车

随着动车功率的增大，人们开始在动车后面加挂一节或几节轻型无动力车辆，形成动车组。动车组两端均装有驾驶台，到达终点后不必掉头，即可返回起点站，使用非常方便。同时动车组的运营费用低，起动加速和制动减速都比较快，运营速度逐年提高。

法国则以电力机车为研究对象，其高速电力牵引列车在1978年曾创下时速260 km的纪录。1981年10月，新的高速列车"TGV"（图1-3）在巴黎里昂一干线正式投入使用。采用流线型的"TGV"和常规列车相比，空气阻力减小了1/3。它装有大功率动力装置，具有较强的爬坡能力，可以高速爬上35‰的陡坡，也可在坡路上起动，使用的仍是普通铁轨线路，曾创下时速380 km的纪录。

图1-3 法国TGV高速列车

法国阿尔斯通公司制造的 V150 型高速电气机车（TGV）在巴黎东南部的一段经特殊加固的铁路线上，达到了时速 574.8 km，创下新的有轨铁路行驶速度世界纪录。在测试中，列车经过 14 min 的不断加速，达到了 574.8 km 的时速，打破了 17 年前同样由 TGV 机车创造的 515.3 km/h 的纪录。随后，法国国营铁路公司、法国铁路网、法国阿尔斯通公司，联合召开了一次新闻发布会，宣布创造了这一最高时速的消息。

气垫列车（图 1-4）利用功率很大的航空发动机向轨道上喷射压缩空气，使列车的车体和轨道之间形成一层几毫米厚的空气垫，从而将整个列车托起，悬浮在轨道面上，再用装在后面的螺旋桨使发动机推动机车前进。法国是最早开通气垫列车的国家。20 世纪 60 年代，法国在巴黎和奥尔良郊外建成了两条气垫悬浮式铁路，一条长 18 km，另一条长 6.7 km，气垫列车的试验速度为 200 ~ 422 km/h。

图 1-4 法国气垫列车

磁悬浮列车（图 1-5）是利用磁极吸引力和排斥力的高科技交通工具。排斥力使列车悬起来，吸引力让列车开动。磁悬浮列车车厢上装有超导磁铁，铁路底部安装线圈。通电后，地面线圈产生的磁场极性与车厢的电磁体极性总保持相同，两者"同性相斥"，排斥力使列车悬浮起来。常规机车的动力来自机车头，而磁悬浮列车的动力来自轨道。轨道两侧装有线圈，交流电使线圈变为电磁体，它与列车上的磁铁相互作用。列车行驶时，车头的磁铁（N 极）被轨道上靠前一点的电磁体（S 极）所吸引，同时被轨道上稍后一点的电磁体（N 极）所排斥，结果是前面"拉"，后面"推"，使列车前进。

图 1-5 磁悬浮列车

磁悬浮列车的最大优点是没有车轮与轨道之间的摩擦力。德国是较早研制磁悬浮系统的国家之一。日本于 1977 年制成样车，1979 年在宫崎县进行了超高速磁悬浮列车试验，时速达 517 km。磁悬浮列车具有噪声小，振动轻微，对环境污染小，运行安全、舒适等特点，是未来铁路运输发展的主要方向。

讨论题 2：列举国外几个有名的生产机车的公司。

火车作为路上交通工具，气势非凡，生来就有长、大、重、快的优势，在长达一个世纪的时间里居于陆上运输的霸主地位。但 20 世纪以来，许多国家开始向交通运输多样

化方向发展，铁路运输面临挑战，为适应不断变化的形势，各国铁路开始冲破传统模式，进行大规模的技术改造，并积极研制各种新型列车。在技术革命不断发展的时代，未来的火车速度还将提高，未来的铁路运输必将越来越快。

任务实施

任务工单

背景描述	我们进行远距离旅行，往往会乘坐火车。坐在平稳的车厢里遥看车外的青山绿水、田园景色，大自然的美景令人心旷神怡。我们一起去看看火车的过去、现在和未来吧！
讨论主题	介绍一下机车发展史
成果展示	小组采用 PPT 汇报展示，简要列出汇报大纲
任务反思	1. 你在这个任务中学到的知识点有哪些？ 2. 你对自己在本次任务中的表现是否满意？写出课后反思

任务评价

任务评价表

序号	评价项目	评价内容	分值	自评 30%	互评 30%	师评 40%	合计
1	职业素养	具有团队合作能力，交流沟通能力，互相协作、分享能力	10				
		主动性强，能保质保量地完成工作页相关任务	10				
		具有精益求精的工匠精神	10				
		能采取多样化手段收集信息、解决问题	10				
2	专业能力	报告的内容全面、完整、丰富	20				
		能够清晰地描述世界机车的发展情况	20				
		语言表达准确、严谨，逻辑清晰，结构完整	20				

 任务测评

一、单选题

1. 电力机车最先创下新的有轨铁路行驶时速 574.8 km 世界纪录的是（   ）。
　　A. 美国　　　　　B. 法国　　　　　C. 英国　　　　　D. 日本

2. 1879 年，世界上第一条电气化铁路的供电方式为（   ）。
　　A. 3 根铁轨，其中的 1 条输送电力
　　B. 2 根铁轨，其中的 1 条输送电力
　　C. 首次采用高架电线来输送电流
　　D. 以上三种说法都不对

3. 1885 年，西门子—哈尔斯克公司首次（   ）。
　　A. 输送电力 3 根铁轨的其中的 1 条
　　B. 输送电力 2 根铁轨的其中的 1 条
　　C. 采用高架电线来输送电流
　　D. 以上三种说法都不对

4. 1879 年，德国人西门子制造出一台小型电力机车，它由直流发电机供电，电压为（   ）V。
　　A. 1 000　　　　B. 500　　　　　C. 300　　　　　D. 150

5. 1904 年，瑞士架设的电力机车单向交流电压（   ）万伏的高压电线。
　　A. 1.5　　　　　B. 1.9　　　　　C. 2.5　　　　　D. 2.9

二、判断题

1. 最早的载客火车是德国人德里斯维克发明的。　　　　　　　　　　（   ）
2. 美国于 1895 年开始将电力机车应用于干线运输。　　　　　　　　（   ）
3. 世界上第一条采用机车牵引的铁路，两根轨道之间的距离为 1.435 m。　（   ）
4. 世界上第一条电气化铁路有 3 根铁轨，其中 1 根专门用来输送电力。　（   ）
5. 最早出现的 2 574 kW 甚至 5 516 kW 的大型机车，可以牵引超过 8 000 t 的货物。　　　　　　　　　　　　　　　　　　　　　　　　　（   ）

拓展阅读

拓展阅读

任务二　认知我国机车发展史

知识目标

1. 了解韶山型电力机车发展。
2. 了解和谐型电力机车发展。

技能目标

1. 可以简述几款目前在役的韶山型电力机车参数。
2. 分组对比和谐型电力机车。

素养目标

1. 具备良好的职业道德。
2. 具备良好的团队沟通协调能力。
3. 学习传承工匠精神。

任务描述

　　截至 2023 年 6 月，全国 31 个省（自治区、直辖市）和新疆生产建设兵团共有 54 个城市开通运营城市轨道交通线路 295 条，运营里程 9 728.3 km，实际开行列车 312 万列次，完成客运量 24.4 亿人次。追溯过往，于 1908 年建成的上海的有轨电车是我国最早建设的城市有轨公共交通，全长 6.04 km。有关全世界和中国城市轨道交通发展的诸多"第一个"你了解吗？

相关知识

　　从 1958 年开始，我国电力机车的发展经历了四个阶段：① 1958—1967 年为仿制阶段。此阶段的起始是参照苏联 H60 型电力机车，制造出韶山系列电力机车；② 1968—1978 年是自行设计、突破 H60 型机车模式的阶段；③ 1979—1989 年，主要是电力机车进入更新换代阶段；④ 1990—1999 年是交—直传动电力机车完善升级阶段。国产电力机车相继研制出韶山 7E 型、韶山 8 型、韶山 9 型等较高端产品。

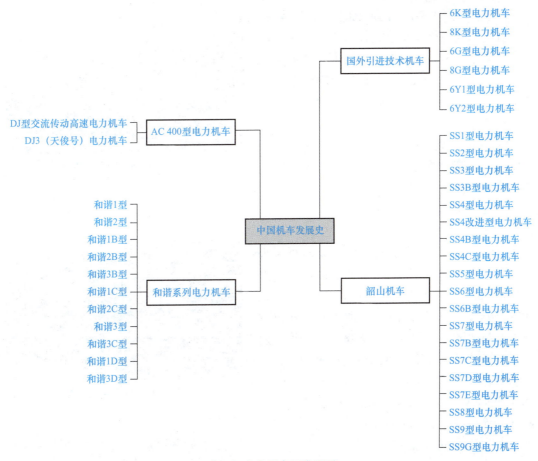

我国机车发展史思维导图

一、仿制机车阶段

1. 6K 型电力机车

6K 型电力机车（图 1-6）是我国于 1987—1988 年从日本进口的 6 轴交—直传动相控

电力机车，共进口 85 台，三菱电机公司提供电气部分，川崎重工业公司提供机械部分并进行总组装。机车采用 Z 形低位牵引拉杆、无两端横梁的 H 形构架、旁承弹簧承受车体载荷的元摇枕转向架和 C 级绝缘 800 kW 直流牵引电动机，同时机车采用了 PHAI-16 的 16 位微机控制系统，具有恒速控制、恒压控制、功率因数补偿控制、高黏着控制、过无电区控制、故障显示与记忆自诊断等功能。

图 1-6　6K 型电力车

2. 8K 型电力机车

8K 型电力机车（图 1-7）是中华人民共和国铁道部于 20 世纪 80 年代通过国际招标、

按照"技贸结合"方式向欧洲五十赫兹集团订购引进的电力机车车型,投入丰沙铁路、京包铁路使用,担当晋煤外运煤炭列车的牵引任务。8K型电力机车也集结了五十赫兹集团内各家公司的技术产品,包括瑞士勃朗－包维利公司的电子控制系统和GTO辅助逆变器,法国电气牵引设备公司(MTE)的转向架,AEG的传动齿轮箱,西门子的主变压器、牵引电动机和辅助电机等。

图1-7　8K型电力机车

3. 6G型电力机车

6G型电力机车(图1-8)共有两种:一种是1972年从法国阿尔斯通公司贝尔福厂进口的,共40台,额定持续功率5 400 kW,整备质量138 t,最高速度112 km/h;另一种是1971年从罗马尼亚进口的,共两台,它虽是罗马尼亚制造的,但主要电气设备、传动均采用世界先进技术,采用硅整流桥高压侧调压,电阻制动,电动机全悬挂,空心轴传动,持续功率5 100 kW,轴式为Co-Co,额定速度69.5 km/h,最高速度120 km/h。

图1-8　6G型电力机车

4. 8G型电力机车

8G型电力机车(图1-9)是中华人民共和国铁道部在20世纪80年代根据中苏贸易协定、按照易货贸易形式从苏联引进的电力机车车型,共计100台,由诺沃切尔卡斯克电力机车厂于1987—1990年间生产,原型为苏联的VL80S型电力机车,全部配属太原铁路局使用。

图1-9　8G型电力机车

5. 6Y1型电力机车

1957年,中国组织了一个由第一机械工业部、铁道部以及高校有关专家学者组成的电力机车考察团,于1958年年初赴苏联考察。考察团用半年时间,在苏联专家帮助下,以当时苏联新设计试制成功的H60型铁路干线交—直流传动电力机车样机为基础,结合中国铁路规范,选用单相交流工频25 kV电压制,做出了机车的设计方案。考察团回国后,组成电力机车设计处,在苏联专家帮助下,进行了全面设计。1958年年底,湘潭电机厂在株洲电力机车厂(以下简称株洲厂),以及株洲电力机车研究所(以下简称株洲所)等厂所协助下,试制出了中国第一台电力机车,即6Y1型干线电力机车。6Y1型电力机车的小时功率3 900 kW,最高速度100 km/h,6轴。机车经环形铁道运行试验,由于作为主整流器的引燃管不能正常工作而返厂整修。

1959 年起，株洲厂和株洲所等厂所联合对 6Y1 型电力机车进行了多次试验，做了很多改进，到 1962 年共试制 5 台机车，并在宝凤线上试运行。但是由于引燃管、牵引电动机、调压开关等仍存在问题，6Y1 型电力机车未能批量生产。

6. 6Y2 型电力机车

1961 年，中国第一条电气化铁路宝鸡到凤州线建成，由于 6Y1 型电力机车性能不过关，国家从法国阿尔斯通公司进口了部分 6Y2 型电力机车（图 1-10），其功率（指持续功率）4 740 kW，最高速度 101 km/h，6 轴。

图 1-10 6Y2 型电力机车

讨论题 1： 指出以上 6 种机车的缺点。

二、韶山型机车

1. SS1 型电力机车

SS1 型电力机车（图 1-11）是我国第一代（有级调压、交—直传动）电力机车。它是由我国 1958 年试制成功的第一台引燃管 6Y1 型电力机车（仿苏联 20 世纪 50 年代 H60 型机车）逐步演变而来的，但其三大件（引燃管、调压开关、牵引电动机）可靠性较差，而经历了 3 次重大技术改造。

图 1-11 SS1 型电力机车

2. SS2 型电力机车

株洲厂和株洲所于 1966 年开始韶山 2（SS2）型电力机车（图 1-12）的设计工作。在吸取了法国 6Y2 型电力机车大量先进技术的基础上，于 1969 年在株洲厂设计试制出第一台 SS2 型电力机车。其小时功率 4 800 kW，最高速度 100 km/h，6 轴。采用高压侧调压开关、32 级调压、硅整流器整流、800 kW、6 级低压脉流牵引电动机，并大量采用了其他先进技术。后经两次改造，于 1978 年投入试运行。

图 1-12 SS2 型电力机车

主要改进有采用大功率晶闸管两段半控桥相控调压，并采用相控他励牵引电动机和电子控制等新技术。SS2 型电力机车虽然由于个别技术不能配套，未能批量生产，但它为 SS1 型电力机车改进，以及其他型号机车、动车的设计生产积累了宝贵经验。

3. SS3 型电力机车

韶山 3（SS3）型电力机车（图 1-13）是我国第二代（级间相控调压、交—直传动）客货用电力机车。该型机车是在吸收了 SS1、SS2 型电力机车成熟经验基础上，由株洲厂和株洲所共同研制，并于 1978 年年底试制出厂的。

4. SS3B 型电力机车

韶山 3B（SS3B）型电力机车（图 1-14）是大功率半导体整流客货运两用干线电力机车。其电流制为工频单相交流。牵引及制动功率大，启动平衡，加速快，工作可靠，司机室工作条件良好，污染少，维修简便。

图 1-13　SS3 型电力机车

SS3B 型电力机车采用大功率硅半导体桥式全波整流，采用调压开关与晶闸管相控结合的平滑调压方式，牵引特性为恒流控制。其具备加馈电阻制动特性，比 SS3 型机车具有更优越的制动特性。该型机车采用脉流串激 4 极牵引电动机，大面积立式百叶窗车体通风方式。车内设备按斜对称空间布置，采用成套组装，有双边走廊。

图 1-14　SS3B 型电力机车

5. SS4 型电力机车

韶山 4（SS4）型电力机车（图 1-15）由各自独立且又互相联系的两节车组成，每节车均为一个完整的系统。其主电路采用四段经济半控桥，相控调压。它具有恒压或恒流控制的牵引特性和恒速或恒励磁控制的电阻制动特性。空气制动采用 DK-1 型电空制动机。

6. SS4B 型电力机车

株洲厂和株洲所共同研制了韶山 4B（SS4B）型 8 轴重载货运电力机车（图 1-16）。该型机车是我国第三代（无级调压、交—直传动）相控电力机车。它遵循我国电力机车标准化、系列化、简统化的设计原则，继承 SS4 型、SS4G 型机车的成熟技术，大量吸收消化国外 8K 型、6K 型、8G 型、6G 型等机车的先进技术。1995 年 12 月 SS4B 型 001 号电力机车出厂。

图 1-15　SS4 型电力机车

图 1-16　SS4B 型电力机车

7. SS4C 型电力机车

韶山 4C（SS4C）型电力机车（图 1-17）是中国铁路使用的一种干线货运电力机车，由株洲厂在 SS4 改型、SS4B 型电力机车的基础上于 1997 年研制成功，属于 25 t 轴重实验性机车。该型机车仅试制了两台。

8. SS5 型电力机车

韶山 5（SS5）型电力机车（图 1-18）是用于牵引准高速列车的试验车款，是国家"七五"重点科技攻关项目，于 1988—1989 年间设计。期间参考了中国购买的法国阿尔斯通公司 8K 型电力机车，同时引进了国外先进技术。

图 1-17　SS4C 型电力机车

图 1-18　SS5 型电力机车

SS5 型电力机车是中国铁路的电力机车车款之一，由株洲厂制造，在退役前配属郑州铁路局郑州机务段。

两台样板车分别于 1990 年 9 月和 10 月制成，至 1990 年共制造了两台原型车，并在西安—宝鸡进行了 30 万千米的运行考核。但这款机车技术仍未成熟，主要问题是采用电动机空心轴传动以达到电动机全悬挂，但簧下重量太大，传动系统强度差，黏着系数在满载时急剧下降，造成轮对严重空转（打滑）。

SS5 型电力机车的制造经验与试验结果为 1994 年起制造的韶山 8 型（SS8）电力机车提供了技术基础。

现时两台机车均已报废并静态保存。0002 号车经涂装翻新后，于 2004 年 4 月 15 日由郑州铁路局赠予郑州世纪欢乐园做静态展览；而 0001 号车在 2007 年进行修复后，于 2008 年 1 月 6 日进入中国铁道博物馆保存。

9. SS6 型电力机车

韶山 6（SS6）型铁路干线客货两用电力机车（图 1-19）是为郑州—宝鸡铁路电气化工程国际招标而设计的。SS6 型电力机车有两个三轴转向架（Co-Co），采用单边直齿轮弹性传动滚动轴承。牵引电动机为日本日立公司提供的 800 kW 牵引电动机。机车主电路为两段桥相控无级调压，转向架独立供电，具有轴重转移的电气补偿功能。为减少无功损耗，机车采用了功率因数补偿装置。

图 1-19　SS6 型电力机车

机车牵引起动控制为恒流限速特性控制，制动控制为准恒速或恒功制动控制。为充分发挥牵引或制动黏着力，机车具有防空转、防滑行控制功能。机车电制动为电阻制动，

空气制动采用 DK-1 型电空制动机。

10. SS6B 型电力机车

韶山 6B（SS6B）型电力机车（图 1-20）是 1992 年为郑宝铁路电气化工程提供的国际招标第三批电力机车。它是由株洲厂和株洲所共同研制开发的 6 轴干线用交—直传动相控电力机车。该型机车的设计，以国内外交—直传动相控电力机车成熟的技术和经验为基础，并根据铁道部"关于开展电力机车简统化、系列化"的精神，较大范围内采用和吸收了 SS4 型和 SS6 型机车的技术。样车于 1992 年 12 月完成。

图 1-20　SS6B 型电力机车

讨论题 2：对比韶山型机车。

三、DJ 型交流传动高速电力机车

2000 年 6 月 25 日，株洲厂生产出了编号为 DJ0001 和 DJ0002 的两辆运营时速为 220 km，最高试验时速可达 260 km 的交流传动高速列车，使中国电力机车研制一步跨越 20 年，跻身于国际先进水平。这是株洲所根据国家"九五"科技攻关项目而着手研制的一种新型电力机车（图 1-21）。

图 1-21　DJ 型交流传动高速电力机车

四、DJ3（天梭号）电力机车

DJ3（天梭号）是由中国北车集团大同电力机车有限公司（以下简称大同电力机车有限公司）于 2002 年适应铁路机车交流化的要求，自主研制开发的 200 km/h 交流传动客运电力机车（图 1-22），可用于牵引 200 km/h 的高速旅客列车。该机车功率 4 800 kW，采用先进的交流传动技术，具有恒功范围宽、轴功率大、黏着特性好、效率和功率因数高等特点，为我国铁路跨入高速运输行列提供了保证。

图 1-22　DJ3 型电力机车

五、和谐系列电力机车

和谐系列电力机车是南车集团和北车集团与国外企业合作，引进消化技术，并国产化的新一代交流传动货（客）运机车，分别为每轴 1 200 kW 的和谐 1 型、2 型、3 型（和谐 1 型、和谐 2 型采用 8 轴，和谐 3 型采用 6 轴），以及采用 6 轴每轴 1 600 kW 的和谐 1B 型、和谐 2B 型、和谐 3B 型两代 9 600 kW 大功率机车。设计最高速度均为 120 km/h。2012 年推出了专用于准高速客运的两款 6 轴，单轴 1 200 kW。总功率 7 200 kW 的和谐 1D 型、和谐 3D 型机车，设计最高速度为 176 km/h，持续速度为 160 km/h。

（1）重联型电力车：和谐 1 型、和谐 2 型。

（2）功率为 9 600 kW 的单机型电力机车：和谐 1B 型、和谐 2B 型、和谐 3B 型。

（3）功率为 7200 kW 的单机型电力机车：和谐 1C 型、和谐 2C 型、和谐 3 型、和谐 3C 型。

（4）准高速干线客运电力机车：和谐 1D 型、和谐 3D 型。

1. 和谐 1 型

和谐 1 型（HXD1 型）电力机车（图 1-23）是干线货运用 8 轴大功率交流电传动电力机车。该型机车是由中外企业联合研发的交流电传动电力机车产品之一。在被命名为"和谐"型之前，称为 DJ4。当时，DJ4 共有两个型号。第一款是由中国南车集团株洲电力机车有限公司（以下简称株洲电力机车有限公司）及德国西门子研发的，编号由 0001 起，

图 1-23　HXD1 型电力机车

以西门子公司 Euro Sprinter 系列机车作为技术平台，后车型代号改为 HXD1（数字是生产厂商代号：1 代表株洲电力机车有限公司），一般称为"和谐"型电力机车（车辆编号 HXD1××××）。另外一款命名为"DJ4"的机车则由大同电力机车有限公司及法国阿尔斯通公司研发，编号由 6001 起，即后来的 HXD2 型电力机车。两种型号机车均采用交流电牵引电动机，交—直—交流电传动以及双节固定重联，单节车轴式 Bo-Bo，即两个两轴转向架。

HXD1 型电力机车由两节完全相同的单端司机室 4 轴车通过内重联环节连挂成 8 轴机车，成为一个完整系统。司机可在一个司机室对重联机车进行控制；装有远程重联控制系统，适合于多机分布式重载牵引；机车车体采用中央梁承载方式；采用独立通风方式；轴式 2（Bo-Bo）；每轴交流电牵引电动机功率 1 200 kW，8 轴机车总功率 9 600 kW；机车轴重按 25 t 设计，去掉车内配重压铁可实现机车轴重 23 t 的转换。

由株洲电力机车有限公司制造的首辆机车于 2006 年 11 月 8 日出厂，截至 2009 年，HXD1 型电力机车累计生产了 220 台。HXD1 型电力机车自 2007 年交付太原铁路局湖东机务段运用，主要用于大秦铁路，牵引运煤重载货运列车。HXD1 型电力机车双机可牵引 2 万吨重载组合列车。2009 年 5 月，连接大同—包头的大包铁路完成电气化工程，有关方面为该线引入 HXD1 型电力机车。由湖东机务段配属的和谐 1 型电力机车交路延伸至大包线。

铁道部于 2007 年 8 月 18 日再与株洲电力机车有限公司及西门子签约，订购 500 辆 6 轴机车。以 Euro Sprinter 电力机车为原型研制，合同总值超过 3.34 亿欧元。新车型号被定为 HXD1B 型。

2. 和谐 2 型

和谐 2 型（HXD2 型）电力机车（图 1-24）是干线货运用 8 轴大功率交流电传动电力机车，由中国北车集团大同电力机车有限责任公司与法国阿尔斯通公司联合开发。它是在法国阿尔斯通公司的 PRIMA 系列电力机车的基础上研制，根据中国铁路线路的具体情况设计而成的。该机车车型代号为 HXD2（数字是生产厂商代号：2 代表大同电力机车有限公司），一

图 1-24　HXD2 型电力机车

般称为"和谐 2"型电力机车（车辆编号 HXD2××××）。车辆在被命名为"和谐"型之前，曾被称为"DJ4"，编号由 6001 起。HXD2 型电力机车是中国铁路机车技术现代化的重要产品之一。

HXD2 型电力机车采用标准化、模块化设计，每台机车由两节单端司机室的 4 轴车固定重联而成。机车车身采用整体承载式焊接车体结构；采用整体独立通风系统；分布式微机网络结构控制；轴式 2（Bo-Bo）；机车轴重按 25 t 设计，去掉车内压铁可实现机车轴重 23 t 的转换；采用滚动抱轴式电机悬挂，异步牵引电动机，IGBT 水冷变流机组；牵引传动控制系统采用独立轴控方式，单轴功率为 1 200 kW，机车总功率为 9 600 kW，是中国铁路所有既有机车中单轴功率最大的机车。

HXD2 型电力机车是中外企业联合研发的交流电传动电力机车之一。2004 年 6 月 11 日，大同电力机车有限公司与法国阿尔斯通公司签署了技术转让及合作生产框架协议；2007 年 3 月 12 日，大同电力机车有限公司和阿尔斯通公司联合获得了铁道部的采购合同，订单数为 180 辆，合同总值 3.745 亿欧元。其中：前 12 辆（HXD20001～HXD20012）在法国贝尔福的工厂制造；36 辆（HXD20013～HXD20048）以散件形式付运，由大同电力机车有限公司组装；其余 132 辆（HXD20049～HXD20180）均为"国产化"版本。首辆 HXD2 型电力机车于 2006 年 12 月从法国装船，于 2007 年 1 月 21 日运抵中国天津港。2007 年 5 月 18 日，首台国内组装 HXD2 型电力机车在大同电力机车有限公司下线。至 2008 年 12 月，全部 180 台 HXD2 型电力机车交付完毕。

3. 和谐 1B 型

和谐 1B 型（HXD1B 型）电力机车（图 1-25）是大功率交流传动 6 轴干线货运用电力机车，是中国首三款使用最大功率 1 600 kW 交流电牵引电动机的 6 轴"和谐型"电力机车车型之一，主要服务中国华南、中部和东南区，是"和谐型"

图 1-25　HXD1B 型电力机车

大功率交流电力机车系列中的主型机车。该型机车由株洲电力机车有限公司与德国西门子公司联合研制。HXD1B 型 6 轴电力机车是株洲电力机车有限公司在 HXD1B 型 8 轴电力机车设计制造技术平台的基础上研制的，参考了 EG3100 型电力机车。车型代号 HXD1B（数字是生产厂商代号：1 代表株洲电力机车有限公司），一般称为"和谐"1B 型电力机车（车辆编号 HXD1B××××）。该型机车采用 IGBT 牵引变流器，单轴控制技术，采用单轴交流电牵引电动机最大功率 1 600 kW，总功率 9 600 kW，轴式为 Co-Co。

铁道部于 2007 年 8 月与株洲电力机车有限公司及德国西门子公司签约，采购 500 辆 HXD1B 型电力机车，合同总值超过 3.34 亿欧元。首辆机车于 2009 年 1 月 16 日在株洲厂下线。首批 5 台 HXD1B 型电力机车于 2009 年 6 月底交付武汉铁路局江岸机务段运用。2012 年投入武汉北至郑州北区间，承担 6 000 t 重载货物列车的牵引任务。

4. 和谐 2B 型

和谐 2B 型（HXD2B 型）电力机车（图 1-26）是大功率交流电传动 6 轴干线货运用电力机车，是中国铁路首三款使用最大功率 1 600 kW 交流电牵引电动机的 6 轴"和谐型"电力机车车型之一（其余两款是 HXD1B 和 HXD3B）。该型车由中国北车集团大同电力机车有限责任公司与法国阿尔斯通公司联合研发。其设计以阿尔斯通 PRIMA6000 机车为原型车。车型代号 HXD2B（数字是生产

图 1-26 HXD2B 型电力机车

厂商代号：2 代表大同电力机车有限公司），一般称为"和谐"2B 型电力机车（车辆编号 HXD2B×××）。HXD2B 型电力机车牵引电动机采用滚动抱轴式悬挂装置，牵引控制装置采用独立轴控方式，单轴功率为 1 600 kW，总功率 9 600 kW，可牵引 6 500 t 货运列车，最大运行速度达 120 km/h，轴式为 Co-Co。

5. 和谐 3B 型

和谐 3B 型（HXD3B 型）电力机车（图 1-27）是大功率 9 600 kW 交流电传动 6 轴干线货运用电力机车，由中国北车集团大连机车车辆有限公司（以下简称大连机车车辆有限公司）与加拿大庞巴迪公司联合研制，其设计以庞巴迪的 IOREKiruna 机车为基础，以大连机车车辆有限公司为主进行设计、生产，由庞巴迪公司提供技术支持和设备供应。

图 1-27 HXD3B 型电力机车

铁道部于 2007 年 2 月与大连机车车辆有限公司及庞巴迪公司签订采购协议，订购 500 辆 HXD3B 型电力机车，合同总值 11 亿欧元（113 亿元人民币），这是中国铁路历史上铁道部最大一笔机车采购订单。

6. 和谐 1C 型

和谐 1C 型（HXD1C 型）电力机车（图 1-28）是干线货运用 6 轴交流电传动电力机车，是株洲电力机车有限公司为适应中国铁路运输市场的需要而研制的主型机车。其设计参照了株洲电力机车有限公司与德国西门子公司联合研制的 HXD1 型和 HXD1B 型电力机车，但使用了更多国产化元件。株洲电力机车有限公司方面称，HXD1C 型机车的国产化率达 90% 以上，包括使用 IGBT 模块（3 300 V/1 200 A）的牵引变流器、网络控制系统等。其轴式为 Co-Co，采用单轴控制技术，每轴装有一台最大功率 1 200 kW 的交流电牵引电动机，6 轴总功率 7 200 kW。其可在线路坡度 12‰ 以下的路段牵引 5 000 ～ 5 500 t 货物列车。

图 1-28　HXD1C 型电力机车

7. 和谐 2C 型

和谐 2C 型（HXD2C 型）大功率交流传动电力机车（图 1-29）是大同电力机车有限公司自主创新的成果。机车单轴功率 1 200 kW，总功率达到 7 200 kW，可实现单机牵引 5 000 ～ 6 000 t 重载货物列车。机车吸收了国内外先进电力机车的成熟技术，技术指标达到了世界一流。

图 1-29　HXD2C 型电力机车

8. 和谐 3 型

和谐 3 型（HXD3 型）电力机车（图 1-30）使用了 Co-Co 6 轴，即前后各一个 3 轴转向架、每轴装有一台 1 200 kW 交流牵引电动机，整车输出功率为 7 200 kW。首台原型车编号 SSJ3-0001，后改名为 DJ3，2003 年年底完成，2004 年 4 月 26 日由大连机车车辆有限公司厂房驶出，前往北京铁道科学研究院环形线进行试验，试验于 7 月 4 日完成，其后这辆机车一直停放在大连机车车辆有限公司。

图 1-30　HXD3 型电力机车

2004 年 10 月 27 日，铁道部与大连机车车辆有限公司签订合同，订购 60 辆该型机车，新车以试验车 SSJ5-0001 及日本货物铁道使用的 EH500 型作为技术平台，其中前 4 辆（30001 ～ 30004）整车进口，12 辆（30005 ～ 30016）散件进口组装，东芝提供原装部件，包括牵引电动机等，由大连机车车辆有限公司组装；其余的 44 辆通过日本技术转移，由大连机车车辆有限公司制造，已达至"国产化"。首辆国产化机车于 2006 年 12 月 8 日出厂及交付使用。截至目前，中国北车集团已累计获得 1 040 台 HXD3 型电力机车订单。

9. 和谐 3C 型

和谐 3C 型（HXD3C 型）电力机车（图 1-31）是"和谐型"交流传动电力机车系列中首款适用于客货两用车型，配备有 DC 600 V 列车供电插座。其由大连机车车辆有限公司进行研发及生产。其产品技术借鉴了先前制造的 HXD3型（日本东芝原产）和 HXD3B 型机车。和谐 3C 型机车包括 HXD3C 客运型（大连机车车辆有限公司）、HXD3C 客货通用电力机车（中国北车集团北京二七机车厂）。HXD3C 型电力机车是我国目前保有量最大的客运型机车。

图 1-31 HXD3C 型电力机车

大连机车车辆有限公司自主设计出具有完全自主知识产权的和谐 3C 型交流传动电力机车。这是国内首次采用客、货通用平台研制出的第一个带列车供电的新型机车。和谐 3C 型客货通用电力机车采用 6 轴交流传动，是在和谐 3 型、和谐 3B 型电力机车国产化批量生产基础上吸纳和借鉴了这两种车型的优良性能，以我为主、自行研制开发设计的新产品。机车最大功率 7 200 kW，最高运行速度达 120 km/h，是我国铁路运输的急需车型。

首台样车已于 2010 年 7 月下线，并在中国铁道科学研究院东郊分院环形铁道及焦月线上进行可靠性测试。HXD3C 型电力机车是中国首款可以向列车供电的和谐型电力机车，解决了我国大量普速型直供电车底（主要为 25G 型车，构造速度 120 km/h）依靠 SS7D、SS7E、SS8、SS、SS9G、DF11G 等准高速机车牵引而导致各机务段机车运用紧张的局面。

10. 和谐 1D 型

和谐 1D 型（HXD1D 型）电力机车（图 1-32）为大功率 6 轴干线客运电力机车，由株洲电力机车有限公司于 2011 年完成全部施工图设计，2012 年首台机车下线。其采用大功率 IGBT（3 300 V/1 200 A）水冷变流器、大功率异步牵引电动机、卧式主变压器、微机网络控制系统、DK-2 制动机、全悬挂转向架、独立通风等技术，机车单轴功率 1 200 kW，最高运行速度 160 km/h，适应中国铁路使用环境。截至 2013 年 12 月 25 日，已经生产了近 60 台 HXD1D 型机车配属南昌铁路局。

图 1-32 HXD1D 型电力机车

11. 和谐 3D 型

和谐 3D 型（HXD3D 型）电力机车（图 1-33）是交流电传动 6 轴干线客运电力机车，由大连机车车辆有限公司研发及生产，为 200 km 等

图 1-33 HXD3D 型电力机车

级的客运型机车，最大持续运行速度为 160 km/h，最大功率 7 200 kW，为目前国内大功率的客运型机车之一。HXD3D 型机车可缓解全路准高速机车运用的紧张状况，填补中国内地交流传动大功率机车在准高速范围内实际运用的空白。机车完成实验考核，已在 2013 年批量生产。车型代号 HXD3D（数字是生产厂商代号：3 代表大连机车车辆有限公司）的机车一般称为和谐 3D 型电力机车（车辆编号 HXD3D ××××）。

据大连机车车辆有限公司和中国铁路总公司相关文件电报通知：由大连机车车辆有限公司自主研发的 HXD3D 型准高速交流大功率电力客运机车，第一批次 50 台已完成生产任务，已于 2013 年 9 月 15 日正式配属沈阳铁路局沈阳机务段、武汉铁路局江岸机务段。两台实验机车实际配属沈阳机务段。大连机车车辆有限公司 HXD3D0003 实验橙色涂装送至大同电力机车车辆有限公司后改车号为 HXD3D8001，新补造 HXD3D0003 为全新量产红色涂装。

和谐 3D 型机车与和谐 1D 型机车属于同一系列，参数也基本相同。和谐 1D 是中国南车集团的产品，和谐 3D 是中国北车集团的产品。随着 DFl1G、SS7E、SS9/SS9C 这些准高速客运机车的逐步退役，和谐 1D 与和谐 3D 将一起成为未来中国铁路干线准高速客运的主力军。

讨论题 3： 太原高铁有哪些车型？

 **任务实施**

任务工单

背景描述	和谐系列电力机车是南车集团和北车集团（现合并为中国中车）与国外企业合作，引进先进技术，并国产化的新一代交流传动客、货运机车
讨论主题	介绍一下和谐电力机车和韶山型机车的优缺点
成果展示	小组采用 PPT 汇报展示，简要列出汇报大纲
任务反思	1. 你在这个任务中学到的知识点有哪些？ 2. 简述电力机车在现代轨道交通运输中的地位

任务评价

任务评价表

序号	评价项目	评价内容	分值	自评30%	互评30%	师评40%	合计
1	职业素养	具有团队合作能力，交流沟通能力，互相协作、分享能力	10				
		主动性强，能保质保量地完成工作页相关任务	10				
		具有精益求精的工匠精神	10				
		能采取多样化手段收集信息、解决问题	10				
2	专业能力	报告的内容全面、完整、丰富	10				
		HXD3 型电力机车技术参数	10				
		HXD1C 型电力机车技术参数	10				
		SS6B 型机车技术参数	10				
		SS4 型电力机车技术参数	10				
		语言表达准确、严谨，逻辑清晰，结构完整	10				

任务测评

单选题

1. HXD1 型电力机车的结构速度为（　　）km/h。

　A. 100　　　　　B. 120　　　　　C. 160　　　　　D. 200

2. DJ 型交流传动高速电力机车，最高试验时速可达（　　）km。

　A. 160　　　　　B. 180　　　　　C. 240　　　　　D. 260

3. HXD3 型电力机车牵引点高度为（　　）mm。

　A. 12　　　　　B. 240　　　　　C. 460　　　　　D. 1 250

4. HXD1 型电力机车，具有（　　）系统。

　A. 单机牵引控制　　　　　　　　B. 外重联控制

　C. 远程重联控制　　　　　　　　D. 以上三种说法都不对

5. 和谐 1D、3D 型电力机车是（　　）。

　A. 货运机车　　　　　　　　　　B. 客运机车

　C. 客货运机车　　　　　　　　　D. 以上三种说法都不对

6．HXD1 型电力机车的总功率为（　　）kW。

    A．3 600　　　　　B．4 800　　　　　C．6 400　　　　　D．7 200

 拓展阅读

拓展阅读

任务三　认知电力机车总体

知识目标

1. 了解电力机车的优点。
2. 知晓机车各组成部分的名称及作用。

技能目标

1. 掌握轴列式的意义。
2. 了解机车总体的构成和各部分的作用。

素养目标

1. 具备良好的职业道德。
2. 具备良好的团队精神和沟通协调能力。
3. 学习传承工匠精神。

任务描述

电力机车是指由电动机驱动车轮的机车。电力机车所需电能由电气化铁路供电系统的接触网或第三轨供给，因此电力机车是一种非自带能源的机车。电力机车具有功率大、过载能力强、牵引力大、速度快、整备作业时间短、维修量小、运营费用低、便于实现多机牵引、能采用再生制动以及节约能源等优点。

相关知识

一、电力机车的优点

电力机车是一种通过外部接触网或轨道供给电能、由牵引电动机驱动的现代化牵引动力设备。其具有以下优点。

1. 清洁无污染

电力机车的动力取自于电能，无任何有害排放物，是理想的环保型轨道交通运输工具。

2. 功率大，速度快

蒸汽机车和内燃机车由于结构的限制，功率受到影响，而电力机车的功率相对较大，加之电网容量超过机车功率很多倍，使得现代电力机车向重载、高速方向发展成为现实。

3. 热效率高，成本低

电力机车的平均热效率为26%，远高于蒸汽机车，也高于内燃机车，同时无非生产性消耗，运输成本低，经济效益高。

4. 综合利用资源，降低能源消耗

我国有丰富的水利资源可供发电，另外，火力发电厂也可利用一些劣质燃料发电，可实现资源综合利用，节约大量的优质燃料。

5. 维修便利，成本低

电力机车的设备主要是一些电气设备，因此具有保养容易、维修量小、检修周期短等特点。

6. 工作条件舒适

从劳动强度、工作环境、噪声、采光、振动等方面来看，电力机车乘务员的工作条件比蒸汽机车乘务员工作条件有很大改善，也优于内燃机车乘务员工作条件。

7. 适应能力强

电力机车不同于蒸汽机车和内燃机车，运行中没有水消耗，不影响其在无水区和缺水区运行。

二、电力机车总体的组成和各部分的作用

电力机车由电气部分、机械部分和空气管路系统三大部分组成。

电气部分包括牵引电动机、牵引变压器、整流硅机组等各类电气设备。电力机车通过这些电气设备把取自接触网的电能转变为机械能，同时实现对机车的控制。

机械部分包括车体、转向架、车体与转向架的连接装置，及牵引缓冲装置。

空气管路系统包括风源系统、制动机管路系统、控制管路系统和辅助管路系统。

电力机车机械部分各部分的作用如下：

1. 车体

车体是电力机车上部车厢部分，可分为司机室和机器间两部分。

（1）司机室：乘务人员操纵电力机车的工作场所。电力机车设置两端司机室，可以双向行驶，不用掉头。

（2）机器间：用于安装各种电气和机械设备，一般分为几个室，各类设备分室安装。

2. 转向架

转向架是机车的走行部分，它是电力机车机械部分中最重要的组成部分，主要由以下部分构成。

（1）构架。构架是转向架的基础受力体，也是各种部件的安装基础。

（2）轮对。轮对是机车在线路上的行驶部件，由车轴、车轮及传动大齿轮组成。

（3）轴箱。轴箱用以固定轴距、保持轮对正确位置、安装轴承等。

（4）轴箱悬挂装置。轴箱悬挂装置也称为一系弹簧。其作用是缓冲轴箱以上部分的振动，减小运行中的动力作用。

（5）齿轮传动装置。其可以通过降低转速，增大转矩，将牵引电动机的功率传给轮对。

（6）牵引电动机。其可以将电能变成机械能转矩，传给轮对。

（7）基础制动装置。基础制动装置是机车制动机制动力的部分，主要由制动缸、传动装置、闸瓦等组成。

3. 车体与转向架的连接装置

车体与转向架的连接装置也称二系弹簧悬挂，设置在车体和转向架之间。它是转向架与车体之间的连接装置，又是活动关节，同时承担各个方向力的传递以及减振作用。

4. 牵引缓冲装置

牵引缓冲装置即车钩和缓冲器，车钩是机车与列车的连接装置，为了缓和连挂和运行中的冲击，还设置有缓冲器。

讨论题 1： 电力机车分为哪几部分？

三、机车轴列式

轴列式是表示机车走行部分结构特点的一种方法。它可以用数字表示，也可以用字母表示。用数字表示称为数字表示法，用字母表示称为字母表示法。

1. 数字表示法

数字表示每台转向架的动轴数；注脚"o"表示每一动轴为单独驱动，无注脚表示每台转向架的动轴为成组驱动；数字之间的"–"表示转向架之间无直接的机械连接。

例如：SS4 改型电力机车的轴列式为 2（2o-2o），表示两节机车，每节有两台两轴转向架，动轴为单独驱动；SS9、SS7E 型电力机车的轴列式为 3o-3o，表示每节机车有两台三轴转向架，动轴为单独驱动。

2. 字母表示法

用英文字母表示每台转向架的动轴数。英文字母 A、B、C，…分别对应数字 1、2、3，…，其他含义与数字法相同。

例如：SS4 改型电力机车的轴列式 2（2o-2o），也可以表示为 2（Bo-Bo）；SS9、SS7E 型电力机车的轴列式 3o-3o 也可以表示为 Co-Co。

讨论题 2： 你平时见过哪些机车？有没有注意机车型号是什么？

四、机械部分的主要技术参数

部分国产电力机车机械部分主要技术参数见表1-1。

表1-1 部分国产电力机车机械部分主要技术参数

项目		车型				
		SS4G	SS8	SS9	HXD1	HXD3
制造年代		1993	1997	2001	2004	2007
轴列式		2（Bo-Bo）	Bo-Bo	Co-Co	2（Bo-Bo）	Co-Co
机车总质量 /kN		1 840	880	1 260	1 840	1 380
轴重 /kN		230	220	210	230	230
转向架质量 /t		21.2	13.0	31.5	20.6	30.193
机车宽度 /mm		3 100	3 100	3 100	3 094	3 100
机车落弓高度 /mm		4 778	4 628	4 754	4 750	4 770
车钩中心线距 /mm		2×16 416	17 516	22 216	22 670	20 846
固定轴距 /mm		2 900	2 900	4 300	2 800	2 250+2 000
轴距 /mm		2 900	2 900	2 150	2 800	2 250+2 000
转向架中心距 /mm		8 200	9 000		9 000	20 846
牵引点高度 /mm		12	1 250	460	210	240
车轮直径 /mm		1 250	1 250	1 250	1 250	1 250
机车功率 /kW	持续制动	120	120	169		370
	启动牵引力	210	210	286		520
机车速度 /（km·h⁻¹）	持续制动	100	100	99	70	70
	最大	170	170	170	120	120
传动方式		双侧刚性斜齿轮传动	单边直齿六主杆空心轴弹性转动	单边直齿传动	单边直齿六主杆空心轴弹性转动	单边直齿六主杆空心轴弹性转动
牵引电动机悬挂方式		抱轴式半悬挂	全悬挂	全悬挂	全悬挂	抱轴式半悬挂
齿轮传动比		4.19	2.484	2.484	2.484	4.81
一系弹簧悬挂静挠度 /mm		139	54	49.5	54	43.5+5.6
二系弹簧悬挂静挠度 /mm		6	110	96	110	90.3+1.43
牵引方式		间斜拉杆推挽式	间斜拉杆推挽式	间双侧低位平拉杆	间斜拉杆推挽式	间斜拉杆推挽式
基础制动装置		独立作用式闸瓦间隙自调节	独立作用式闸瓦间隙自调节	独立作用式闸瓦间隙自调节	独立作用式闸瓦间隙自调节	轮装式盘型制动

 **任务实施**

任务工单

任务场景	校内实训室	指导教师	
班级		组长	
组员姓名			
任务要求	1. 任务名称：了解电力机车。 2. 任务目的：了解电力机车的优点，知晓电力机车各组成部分的名称及作用。 3. 演练任务：请同学们分析机车轴列式，并列举具体车型		
任务分组	在这个任务中，采用任务分组实施方式，3～5人为一组，通过学生自荐或推荐的方法选出组长，负责本团队的组织协调工作，最后形成任务报告		
任务步骤	1. 机车轴列式分组介绍。 2. 查找资料，整理PPT内容。 3. 汇报展示		
任务反思	请写出你掌握的新知识点，并完成本次任务中的自我评价		

 任务评价

任务评价表

序号	评价项目	评价内容	分值	自评 30%	互评 30%	师评 40%	合计
1	职业素养	具有团队合作能力，交流沟通能力，互相协作、分享能力	10				
		主动性强，能保质保量地完成工作页相关任务	10				
		具有精益求精的工匠精神	10				
		能采取多样化手段收集信息、解决问题	10				

序号	评价项目	评价内容	分值	自评 30%	互评 30%	师评 40%	合计
2	专业能力	报告的内容全面、完整、丰富	10				
		机车轴列式分类	20				
		具体车型介绍	20				
		语言表达准确、严谨，逻辑清晰，结构完整	10				

任务测评

单选题

1. 神华号电力机车功率高达 14 400 kW，该车有 12 个轴，由 3 节机车内重联而成，所以被网友亲切地称为"三节棍"机车，它的轴列式是（　　）。

    A. Bo–Bo–Bo   B. Co–Co–Co   C. 2（Bo–Bo）   D. 3（Bo–Bo）

2. CRH5A 型动车组中动车轴列式为（　　）。

    A. B–B   B. 2–2   C. A–A   D. 1A–A1

3. 某台机车为 6 轴车，不可能的轴列式表达为（　　）。

    A. Bo–Bo   B. Co–Co   C. Bo–Bo–Bo

4. 中国出口乌兹别克斯坦电力机车轴列式是 Bo–Bo–Bo，该车的描述正确的是（　　）。

    A. 3 架 6 轴   B. 2 架 4 轴   C. 2 架 6 轴   D. 4 架 8 轴

5. CRH380A 型动车组中动车的轴列式为（　　）。

    A. 2–2   B. A–A   C. B–B

6. CR400AF 动车组中拖车的轴列式为（　　）。

    A. B–B   B. Bo–Bo   C. 2–2

7. Co–Co 属于（　　）轴车。

    A. 4   B. 6   C. 8

8. 2（Bo–Bo）属于（　　）轴车。

    A. 4   B. 6   C. 8   D. 12

拓展阅读

拓展阅读

模块二

走近铁路车辆

📖 项目简介

随着我国国民经济的发展和人民生活水平的提高，人们的出行越来越多，作为国家重要的交通大动脉——铁路运输也更加重要。铁道车辆是运输货物和旅客的工具，那么大家能从众多铁路车辆中识别出运输保鲜食品的车辆吗？能识别出运输大型机械设备的车辆吗？它们之间有什么区别？铁路部门的工作人员是如何标志和识别不同车辆的？接下来，我们就走近铁路车辆吧。

任务一　车辆的组成及分类解析

知识目标

1. 了解车辆的分类及主要用途。
2. 掌握车辆的组成，掌握各组成部分的功能。

技能目标

1. 能够辨识出各种车辆。
2. 能清楚地了解车辆的各组成部分，能够掌握各组成部分在车辆上的具体位置。

素养目标

1. 具有良好的职业道德。
2. 具备良好的团队沟通协调能力。
3. 传承工匠精神和具备团队协作能力。

任务描述

　　假如你是一名铁路货运公司的工作人员，某单位购买了一批车辆，需要通过铁路运输从外省运输到本市，你会安排什么车辆进行运输？

相关知识

一、铁路车辆分类

　　铁路车辆按用途可分为货车和客车两大类，按轨距可分为准轨车、宽轨车、窄轨车；按产权所属关系可分为路用车、厂矿自备车。这里只按用途分类。

（一）货车

　　货车按用途可分为通用货车、专用货车及特种货车三种。

1. **通用货车**

（1）棚车（P）。车体具有顶棚、车墙及车窗，可防止雨水进入车内。棚车用于装载贵重器材及怕日晒和潮湿的货物。有的棚车车内还设有烟囱、床托等装置，必要时可运送人员和马匹。现场又称为盖车。

（2）敞车（C）。车体两侧及端部设有0.8 m以上的固定墙板，无顶棚，可装运不怕湿损的货物。若装货后盖上防水篷布，也可装运怕湿损的货物。

（3）平车（N）。车体为一平板或设有活动墙板，可以装运砂石等。在装长大货物时，可将侧板和端板翻下。平车主要用于装运木材、钢轨、汽车、拖拉机、桥梁、军用特载等货物。

2. **专用货车**

（1）罐车（G）。车体为圆筒形，专门用于装载液体、液化气体和压缩气体等货物。

（2）冷藏车（B）。车体夹层装有隔热材料，车内装有冷却和加温装置，使车内保持货物所需的温度。车体外部涂以银灰色，以利于阳光反射，减少侵入车内的辐射热。冷藏车供装运易腐货物，如肉类、鲜鱼、水果、蔬菜等。

（3）集装箱车（X）。集装箱车只具有车底架，但其车底架比平车底架强度大，专门用于装运集装箱。

（4）矿车（K）。矿车专供运送各种矿石，一般为全钢车体。为卸货方便，有的车体下部做成漏斗形，并设底门，所以称为漏斗车；有的车体能向一侧倾斜，并可开此边侧门，所以称为自翻车。

（5）长大货物车（D）。长大货物车供运送长大货物用，一般载重量为90 t以上，长度为19 m以上，无墙板。有的车为一平板，有的车中部凹下或设有落下孔，以便充分利用限界高度装载高大货物。

（6）毒品车（W）。车体采用全钢结构，具有顶棚，顶棚上装有隔热顶板。外墙黄色，有黑色骷髅标记，隔热顶板涂以银灰色。毒品车供运送农药等有毒物品。

（7）家畜车（J）。家畜车供运送牛、猪、家禽等，车体具有顶棚及车墙，有通风、给水设备等。

（8）水泥车（U）。水泥车供装运散装水泥用，有密封式车体。

（9）粮食车（L）。粮食车供运送粮食专用。

3. **特种货车**

特种货车是具有特殊用途的车辆，有下列四种：

（1）救援车。救援车是指列车发生颠覆或脱轨事故时，排除线路障碍物及修复线路故障使用的车辆。救援列车通常由多种车辆组成，包括起重吊车、修复线路的工具车、材料车、救援人员的食宿车等。

（2）检衡车。检衡车是用于鉴定轨道平衡性能的车辆，设有砝码或同时设有操作机器。

（3）发电车。发电车是指设有动力机械驱动的发电设备的车辆。有单节的发电车；也有由发电车、机修车及发电人员生活用车等合编成的电站式车列，可称为电站车组。发电车用于给列车供电，能作为铁路线上流动的发电场，供缺电处所用电。

（4）除雪车。除雪车供扫除铁道上积雪用，车上装有专门的扫雪装置，一般由机车推动前进。

（二）客车

凡供运送旅客和为旅客服务的车辆或原则上编组在旅客列车中使用的车辆均称为客车。客车按其用途不同，可分为直接运送旅客的车辆、为旅客服务的车辆及特种用途的车辆三大类。另外，还有代用客车，用于春运等特殊情况。

1. 直接运送旅客的车辆

（1）硬座车（YZ）：旅客座位为半硬制品（如泡沫塑料）或木制品的座车。相对的两组座椅中心距离在 1 800 mm 以下。

（2）软座车（RZ）：旅客座位及靠垫设有弹簧装置，相对的两组座椅中心距离在 1 800 mm 以上的座车。

（3）硬卧车（YW）：卧铺有三层，铺垫为半硬制品（如泡沫塑料）或木制品，卧室为敞开式或半敞开式的卧车。

（4）软卧车（RW）：卧铺有二层，铺垫有弹簧装置，卧室为封闭式单间，单间定员不超过 4 人的卧车。

（5）合造车：一辆车上同时设有两种或两种以上用途的车内设备的车辆，如软硬座合造车、行李邮政合造车等。

（6）双层客车：设有上、下两层客室的座车或卧车。

（7）简易客车：设有简易设备的客车。

（8）代用客车：用货车改装的代替客车使用的车辆，如代用坐车、代用行李车。

2. 为旅客服务的车辆

（1）餐车（CA）：供旅客在旅行中饮食就餐用的车辆。车内设有厨房、餐室及储藏室（同时还有小卖部）等设备。

（2）行李车（XL）：运输旅客行李及物品的车辆。车内设有行李间及办公室等设备。

3. 特种用途的车辆

（1）邮政车（UZ）：供运输邮件使用的车辆，设有邮政间及邮政员办公室等设备。常固定编挂于旅客列车中。

（2）空调发电车（KD）：专给集中供电的空调车供电的车辆，车内设有柴油发电机组。

（3）公务车（GW）：供国家机关人员到沿线检查工作时办公用的专用车辆。

（4）医疗车（YI）：到铁路沿线为铁路职工及家属进行巡回医疗使用的车辆，车内设有医疗设备。

（5）卫生车（WS）：专供运送伤病员使用的车辆，车内设有简单的医疗设备。

（6）试验车（SY）：供科学技术试验研究使用的车辆，车内设有试验仪器设备。

（7）维修车（EX）：供检查和维修铁道线路设备的车辆，车内设有必要的维修检查装备。

（8）文教车（WJ）：为沿线铁路职工进行文艺演出、文化教育和技术教育使用的车辆，车内设有必要的文娱和教育用器具及设备。

（9）宿营车：供列车上乘务人员休息使用的车辆。

此外还有轨道检查车、轨道探伤车、隧道摄影车、限界检查车、锅炉车等特殊用途的车辆。

讨论题1： 根据货物种类的不同，说说哪些货物适合用通用货车运输，哪些货物需要用专用货车运输。

二、车辆基本结构

铁路车辆是用来运送旅客、装运货物或做其他特殊用途的运载工具，是铁路运输的重要设备。车辆上一般没有动力装置，必须把车辆连挂在一起，由机车牵引并在线路上运行，才能达到运输目的。

铁路车辆类型很多，构造各不相同，但从基本结构来看，车辆一般由车体、转向架、牵引缓冲装置、制动装置和车内设备五部分组成。

（一）车体

车体是一个整体，是容纳旅客、装载货物的部分。车体包括底架、侧端墙、车顶等组成部分。其中底架（俗称车底盘）是车体的基础，由各种横向梁、纵向梁、辅助梁和地板等构成。车辆上部的质量、车辆运行中纵向冲击力由车体承受。

（二）转向架

目前，我国铁路车辆的转向架大多由两台二轴转向架组成。它承受车辆的重量，并由机车牵引在轨道上行驶。转向架主要由构架（或侧架）、轮对、轴箱、弹性悬挂装置等部分组成。转向架必须要有足够的强度和良好的运行平稳性，以保证安全运行和旅客乘坐舒适性的要求。

（三）牵引缓冲装置

牵引缓冲装置由车钩及缓冲装置（缓冲器）组成，安装在车底架两端的中梁（习惯上称中梁两端为牵引梁）上。其功用是将机车与车辆、车辆与车辆相互连接成列车或车列，并传递牵引力和冲击力，缓和机车车辆的冲击。要求其具有强度大、摘挂方便、缓冲性能良好的特点。

（四）制动装置

制动装置的功用是保证高速运行中的列车能按需要实现减速或在规定的距离内实现停车，或在溜放调车时使车辆停车。制动装置是保证列车安全运行的重要部分。

（五）车内设备

车内设备是指为旅客提供必要的乘车条件所配置的设备和为保证运输货物和货运人员的要求所配置的设备。如客车内的座席、卧铺、茶桌、行李架、卫生间、给水、取暖、通风、照明、空调及各种电气设备和供电装置，货车中的冷藏车内装设的制冷降温等设备和乘务人员的生活设施等。

讨论题 2：铁路车辆与乘用车的组成有何异同？

任务实施

任务工单

任务场景	校内实训室		指导教师	
班级			组长	
组员姓名				
任务要求	1. 任务名称：认识铁路不同种类的的车辆。 2. 任务目的：了解铁路车辆的种类及作用，学会利用资源，提高资源整合能力。 3. 演练任务：请同学们查找不同铁路车辆的车体图片，并了解这种车辆的具体用途			
任务分组	在这个任务中，采用任务分组实施方式，3～5人为一组，通过学生自荐或推荐的方法选出组长，负责本团队的组织协调工作，最后形成任务报告			
任务步骤	1. 请通过查找资料，说说你对火车车辆的了解。 2. 请将小组找到的所有火车车辆进行分类。 3. 请介绍不同铁路车辆的用途			
任务反思	请写出你掌握的新知识点，并完成本次任务中的自我评价			

任务评价

任务评价表

序号	评价项目	评价内容	分值	自评30%	互评30%	师评40%	合计
1	职业素养	具有团队合作能力，交流沟通能力，互相协作、分享能力	10				
		主动性强，能保质保量地完成工作页相关任务	10				
		具有精益求精的工匠精神	10				
		能采取多样化手段收集信息、解决问题	10				
2	专业能力	报告的内容全面、完整、丰富	20				
		查找到的铁路车辆的种类及分类	10				
		介绍每一种铁路车辆的用途	20				
		语言表达准确、严谨，逻辑清晰，结构完整	10				

任务测评

简答题

1. 客车、货车按用途如何分类？各自的用途及特点是什么？
2. 车辆由哪几部分组成？各有什么功能？

拓展阅读

拓展阅读

任务二　铁路车辆代码及标记解析

知识目标

1. 了解货车车辆和客车车辆的代码。
2. 了解车辆标记。

技能目标

1. 根据车辆代码，可识别出车辆的具体车种。
2. 根据车辆的标记，可了解车辆的结构特点和检修日期。

素养目标

1. 具备良好的职业道德。
2. 具备良好的团队沟通协调能力。
3. 体会并传承工匠精神。

任务描述

　　铁路车辆有很多种，大家在乘坐火车时有没有注意到，火车的车体上都标有一些字母和数字，大家知道这些分别表示什么吗？接下来我们就一起来学习铁路工作人员是如何给铁路车辆进行命名编码的。

相关知识

一、车辆标记

　　为了表示车辆的性能及特殊设备，须在车辆上涂刷规定的各种标记，以便识别并合理使用车辆，这种标记称为车辆标记。凡国家铁路局所属车辆必须涂刷的标记，称为共同标记；因车辆设有特殊设备或有注意事项而涂刷的标记称为特殊标记；厂矿专用车的标记可由厂矿自定，其中有部分标记与铁路标记不同。

（一）共同标记

1. 国徽

凡参加国际联运的客车，车体两外侧中部须装有国徽。

2. 路徽

凡属国家铁路局的车辆，都应按规定涂刷表示"人民铁路"的路徽。在货车侧梁的端部还应装产权牌以区别厂矿自备车，如图2-1所示。

3. 配属标记

所有客车和有固定配属的货车，应涂刷所属铁路局和车辆段的简称。例如，"乌局乌段"表示乌鲁木齐铁路局乌鲁木齐车辆段的配属车。客车配属标记涂在车体两端墙外侧左下角，货车一般涂在侧墙外侧。

图2-1 路徽

4. 客车定员标记

客车应在客室两内端墙上部和车体外端墙上，按客车设备（座位或卧铺数）标明可容纳的额定人数。

5. 车辆车型、车号编码标记

货车一般将车辆车型、车号编码标记涂在外侧墙或车门上，客车一般将其涂在两侧墙的两端靠近车门处和客室内端墙上部。在客车车型、车号标记的左侧或右侧，还要用汉字标明该车车种，如"硬座车"，以便旅客识别。

6. 货车性能标记

（1）货车性能标记一般涂打在车体两侧墙的右端，包括载重、自重、容积。

1）载重表示该车允许的最大载重量（t），又称标记载重。

2）自重表示车辆本身的全部质量（t）。

3）容积表示可供装载货物的最大容积（m），并在其下部括号内注明"内长×内宽×内高"或"内长×内宽"尺寸，以便装车时参考。

（2）平车、集装箱车、长大货物车不涂打容积标记，而涂打长、宽标记。

（3）换长是车辆换算长度的简称，又称计算长度或简称计长。车辆的换长等于车辆全长除以11（保留小数一位，尾数四舍五入）。

$$换长 = 车辆全长 \div 11\ m$$

11 m是P1型棚车的全长（P1型棚车虽载重30 t，但在20世纪50年代初期是当时的标准车）。用换长计算列车的全长，可使统计工作迅速简便。

（二）特殊标记

1. 人字标记

人字标记表示：该棚车设有床托，可以利用床托搭床板；车顶中央设有烟窗口，可以安装火炉；车体两侧有较多的车窗，能通风换气，且为竹、木地板，并设有便器等。必

要时，该车可以代替客车运送人员。

2. 环形标记

环形标记表示车内设有拴马环或拦马杆座的敞车或棚车。

3. 国际联运标记

国际联运标记表示该车辆各部分符合国际联运的技术要求，可以参加国际联运。

4. 禁止通过装有车辆减速器的驼峰标记

禁止通过装有车辆减速器的驼峰标记表示该车辆下部尺寸与机械化驼峰的减速器尺寸相抵触，或受车内设备的限制等，禁止通过装有车辆减速器的驼峰。

5. 关字标记

关字标记表示部分有活动墙板的车辆，活动墙板放下时超过机车车辆限界，装卸货物后，必须关好活动墙板，以保证行车安全。

6. 卷字标记

卷字标记表示该车辆（部分敞车、矿石车等）两侧梁端部设有挂卷扬机钢丝绳的挂钩（牵引钩），以便进行卷扬倒车（利用卷扬机钢丝绳牵引车辆移动位置）。

7. 集中载重标记

载重 > 60 t 的平车、长大货物车等，应在车底架两侧涂刷集中载重标记，标明车辆中部一定尺寸范围内的允许载重量（图 2-2）。

8. 毒品专用车标记

在毒品车车门上，涂打毒品专用车标记，并在车门左侧的外侧墙上，涂打毒品标记（图 2-3），表示该车辆专门装运农药等有毒货物。

集　重		
	1 m	25 t
	2	20
	3	30
	4	40
	5	50

图 2-2　集中载重标记

图 2-3　毒品标记

9. 特殊标记

特殊标记表示可以装运坦克及其他质量较大的特殊货物的车辆。

10. 救援列车标记

在车辆两侧中央涂刷白色色带，表示救援列车。

此外，在车辆上还有其他特殊标记，因与运输关系不大，故不一一介绍。

讨论题 1： 车辆的标记有哪些？

二、车辆的车型、车号编码

为了表示车辆类型、构造特点以及便于运用和管理，在车辆规定的处所，由车辆工厂或车辆段涂写规定的车种、车型、车号编码。

（一）货车车辆的车型、车号编码

1. 车种编码方法

车种编码原则上用该车种汉字名称中关键字的一个大写汉语拼音字母表示，见表2-1。

表 2-1　车辆种类代码

客车			货车		
顺号	车种	代号	顺号	车种	代号
1	软座车	RZ	1	敞车	C
2	硬座车	YZ	2	棚车	P
3	软卧车	RW	3	平车	N
4	硬卧车	YW	4	罐车	G
5	行李车	XL	5	保温车	B
6	邮政车	UZ	6	集装箱车	X
7	餐车	CA	7	矿石车	K
8	公务车	GW	8	长大货物车	D
9	卫生车	WS	9	毒品车	W
10	空调发电车	KD	10	家畜车	J
11	医疗车	YI	11	水泥车	U
12	试验车	SY	12	粮食车	L
13	简易座车	DP	13	特种车	T
14	维修车	EX	14	矿翻车	KF
15	文教车	WJ	15	活鱼车	H
16	特种车	TZ	16	通风车	F
17	代用座车	ZP	17	守车	S
18	代用行李车	XP			

2. 车型编码方法

车型编码用大写汉语拼音字母和数字混合表示，其位数不得超过五位，依次由下面三部分组成：

第一部分为货车所属车种编码，用1位大写字母表示，作为车型编码的首部。

第二部分为货车的质量系列或顺序系列，用1位或2位数字或大写字母表示。

第三部分为货车的材质或结构，用1位或2位大写字母表示。具体表示见表2-2。

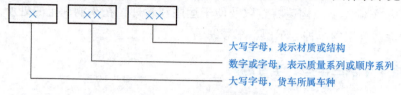

大写字母，表示材质或结构

数字或字母，表示质量系列或顺序系列

大写字母，货车所属车种

表2-2　车型编码示例

C62A 型敞车	C	62	A
	车种	质量系列	结构
C62B 型敞车	C	62	B
	车种	质量系列	材质（耐候钢）
N17A 型平车	N	17	A
	车种	顺序系列	结构

3. 车号编码方法

（1）车号采用七位数字代码，可编货车的容量为 9 999 999 辆。

（2）同车种车型货车的车号必须集中在划定的码域内，以便从车号编码上反映货车的车种、车型。

（3）每辆货车的车号编码在全国范围必须唯一。

（4）车号编码的基本规律。车号的七位数中，前1～4位表示车型车种，后3～6位一般表示生产顺序等。

货车各车种的车号编码范围见表2-3。

表2-3　货车各车种的车号编码表

车种		车号容量/辆	车号范围	预留号
铁道部准轨货车	棚车	5 000 000	3000000 ～ 3499999	3500000 ～ 3999999
	敞车	9 000 000	4000000 ～ 4899999	4900000 ～ 4999999
	平车	100 000	5000000 ～ 5099999	5100000 ～ 5199999
	集装箱车	50 000	5200000 ～ 5249999	5250000 ～ 5499999
	矿石车	32 000	5500000 ～ 5531999	5532000 ～ 5599999
	长大货物车	100 000	5600000 ～ 5699999	5700000 ～ 5999999
	罐车	310 000	6000000 ～ 6309999	6310000 ～ 6999999
	冷藏车	232 000	7000000 ～ 7231999	7232000 ～ 7999999
	毒品车	10 000	8000000 ～ 8009999	
	家畜车	40 000	8010000 ～ 8039999	
	水泥车	20 000	8040000 ～ 8059999	

续表

车种		车号容量/辆	车号范围	预留号
铁道部 准轨 货车	粮食车	5 000	8060000～8064999	
	特种车	10 000	8065000～8074999	8075000～8999999
	守车	50 000	9000000～9049999	9050000～9099999
	海南车	100 000	9100000～9199999	
窄轨车	米轨车	50 000	9200000～9249999	9300000～9999999
	寸轨车	50 000	9250000～9299999	
自备车		999 999	0000001～0999999	
备用		2 000 000	1000000～2999999	

（二）客车车辆的车型、车号编码

客车的车型、车号编码由基本型号、辅助型号和车辆制造顺序号码三部分组成。

1. 基本型号

基本型号即车辆的车种编码，一般用2个或3个大写汉语拼音字母表示，见表2-1。

这里需要说明的是，合造车（由两种或两种以上合造成一辆车）的称号和基本型号，由组成合造车的车种汉字和拼音字头合并，如软硬座车为"RYZ"。有特殊结构和用途的客车，在车种基本型号中增添汉语拼音字头，如双层客车加"S"，市郊客车加"J"，内燃动车加"N"，电力动车加"D"。

2. 辅助型号

为表示同一种型号客车的不同结构系列及内部有特殊设施，用1位或2位小阿拉伯数字及小号汉语拼音字母表示，附在基本型号的右下角，将这些小阿拉伯数字和小号汉语拼音字母称为车辆的辅助型号。例如，YZ_{22}、YZ_{25B}中的"22""25B"均为辅助型号。

3. 客车制造顺序号码

客车制造顺序号码表示按预先规定的规则而编排的某一车种的顺序号码，用以区分同一类型的不同车辆，用阿拉伯数字表示，记在基本型号和辅助型号的右侧。客车制造顺序号码的编码情况见表2-4。

表2-4　客车车号编码表

国家铁路局客车车号代码			地方、合资铁路客车车号代码		
序号	车种	起讫号码	序号	车种	起讫号码
1	合造车	100000～109999	1	合造车	001000～009999
2	行李车	200000～299999	2	行李车	020000～029999
3	邮政车	7000～9999	3	软坐车	010000～019999
4	软坐车	110000～199999	4	硬坐车	030000～049999
5	硬座车	300000～499999	5	软卧车	050000～059999

续表

国家铁路局客车车号代码			地方、合资铁路客车车号代码		
序号	车种	起讫号码	序号	车种	起讫号码
6	软卧车	500000 ～ 599999	6	硬卧车	060000 ～ 079999
7	硬卧车	600000 ～ 79999	7	餐车	080000 ～ 089999
8	餐车	800000 ～ 899999	8	其他车	090000 ～ 099999
9	其他车	900000 ～ 999999			

例如，客车车号标记为 YZ25$_B$387888。其中，YZ 表示基本型号（硬座车）；25$_B$ 表示辅助型号（非空调型或本车供电空调型）；387888 表示客车制造顺序号码。

讨论题 2：铁路车辆的代码和汽车车辆的代码异同？

（三）车辆方位的统称

为了便于运用、检修车辆，国家铁路局对车辆方位及车辆配件位置有统一规定。

1. 车辆方向称呼的规定

由于车辆运行方向经常改变，车辆两端既不能称为前端或后端，也不能称为左端或右端，更不能以东、南、西、北来称呼，一般规定车辆两端分别为一位端、二位端。一位端、二位端按制动缸活塞杆推出的方向来确定，即制动缸活塞杆推出的方向为该车的一位端（手制动机一般装设在一位端），另一端为二位端。对于多制动缸的车辆，以手制动机的一端为一位端，如图 2-4 所示。为便于检修，每辆车都涂刷 1 位、2 位定位标记，以表示车辆的一位端和二位端。在货车两侧梁的端部或两侧墙外侧下部用白铅油涂 1 或 2（客车则涂在车梯的外侧和车内两端墙上部）。

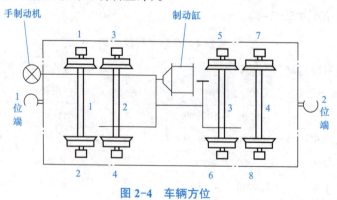

图 2-4 车辆方位

2. **车辆左右两侧都装设的配件称呼规定**

如轴箱、车轮等配件，规定：站在一位端，面对车辆，从一位端的配件开始由左向右交互数到二位端，如（第）1位车轮、（第）2位车轮、（第）3位车轮、（第）4位车轮等。

3. **非左右两侧都装设的配件称呼规定**

如车钩、车轴、转向架等，规定由一位端开始，顺次数到二位端，如（第）1位车钩、（第）3车轴、（第）2位转向架等。

4. **列车中车辆前、后、左、右的确定**

编挂在列车中的车辆，其前、后、左、右的确定方法是按照列车运行方向规定。其前进的一端称为前部，相反的那一端称为后部，面向前部站立而定出其左右。

编挂在列车中的车辆，机车后部的车辆，称为机后，如机后第3辆、机后第10辆等；也可称守车前部的车辆为守前，如守前1辆、守前5辆。

任务实施

任务工单

任务场景	校内实训室	指导教师	
班级		组长	
组员姓名			
任务要求	1. 任务名称：铁路车辆的代码和标记。 2. 任务目的：了解铁路车辆的代码和标记规则，学会利用资源，提高资源整合能力。 3. 演练任务：请同学们针对上节课查找的铁路车辆，说出车辆代码及标记的含义		
任务分组	在这个任务中，采用任务分组实施方式，3～5人为一组，通过学生自荐或推荐的方法选出组长，负责本团队的组织协调工作，最后形成任务报告		
任务步骤	1. 说说铁路车辆的编码规则及标记含义。 2. 将查找的铁路车辆的标记含义写出		
任务反思	请写出你掌握的新知识点，并完成本次任务中的自我评价		

任务评价

任务评价表

序号	评价项目	评价内容	分值	自评30%	互评30%	师评40%	合计
1	职业素养	具有团队合作能力，交流沟通能力，互相协作、分享能力	10				
		主动性强，能保质保量地完成工作页相关任务	10				
		具有精益求精的工匠精神	10				
		能采取多样化手段收集信息、解决问题	10				
2	专业能力	查找的内容丰富	10				
		能识别不同铁路车辆标记的含义	20				
		能说明不同车辆车号的编排规律	20				
		语言表达准确、严谨，逻辑清晰，结构完整	10				

任务测评

简答题

1. 各种货车的名称及车种编码是什么？

2. 货车车型编码由哪几部分组成？

3. 客车车号如何规定？货车车号的编排规律是什么？

4. 车辆常用的共同标记和特殊标记有哪些？各有什么含义？

拓展阅读

拓展阅读

任务三 车辆的主要尺寸及参数解析

知识目标

1. 了解车辆的主要尺寸。
2. 掌握车辆的主要技术参数。

技能目标

1. 学会进行列车换长换算。
2. 根据车辆的主要技术参数，确定车辆使用是否合理。

素养目标

1. 具备良好的职业道德。
2. 具有良好的团队精神和沟通协调能力。
3. 传承工匠精神。

任务描述

车辆种类型号繁多，所装货物各异，所以应根据车辆的经济效果来判断其结构和使用是否合理。试着收集一张车辆的图片，在其上标注主要尺寸；假设车辆的自重、载重、容积等参数，计算并判断车辆的使用是否合理。

相关知识

一、车辆主要尺寸

1. 车辆全长

车辆全长是指车辆两端两个车钩均处于闭锁位置，钩舌内侧面之间的距离，如图2-5中 A 所示，以此来计算列车全长。车辆全长和列车全长一般用换长表示。

2. 全轴距

全轴距是指任何车辆最前位和最后位车轴中心线间的距离，如图 2-5 中 *B* 所示。

3. 车辆销距

车辆销距又称车辆定距，是底架两端支承处，即两转向架心盘中心之间的距离，如图 2-5 中 *C* 所示。

4. 转向架固定轴距

同一转向架上的各轴，相互之间保持固定的平行位置，其最前位和最后位轮轴中间的距离，称为转向架固定轴距，如图 2-5 中 *D* 所示。

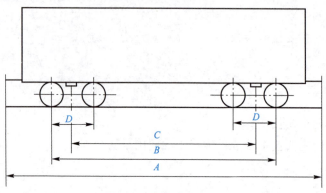

图 2-5　车辆主要尺寸

二、车辆技术经济指标

车辆的结构和使用是否合理，应根据其经济效果来判断。表明车辆的主要技术经济指标除自重、载重、容积、定员外，还有以下几项：

（1）自重系数，是指车辆自重与设计标记载重的比值。显然在保证强度、刚度和使用寿命的条件下，自重系数越小越经济。它是衡量货车设计是否合理的一个重要指标。

（2）比容系数，是指设计容积与标记载重的比值。它可以衡量车辆装运某种货物时是否合理地利用了它的载重和容积。

（3）轴重，是指车辆总重（自重＋载重）与全车轴数之比。其值一般不允许超过铁道线路及桥梁所允许承载的条件。目前，我国的允许值为 23 t。

（4）每延米长度线路载荷（每延米轨道载重），是指车辆总重与车辆全长之比，其值不允许超过铁道线路及桥梁所允许承载的数值。目前我国规定每延米长度的载重一般不得大于 6.5 t。

（5）构造速度，是指允许车辆正常运行的最高速度。它取决于车辆的构造强度、运行品质、制动性能。

 **任务实施**

任务工单

任务场景	校内实训室		指导教师	
班级			组长	
组员姓名				
任务要求	1. 任务名称：认识车辆的主要尺寸及参数。 2. 任务目的：了解车辆的主要尺寸及参数，学会利用资源，提高资源整合能力。 3. 演练任务：请同学们标注车辆的主要尺寸，计算相关参数			
任务分组	在这个任务中，采用任务分组实施方式，3～5人为一组，通过学生自荐或推荐的方法选出组长，负责本团队的组织协调工作，最后形成任务报告			
任务步骤	1. 请通过查找资料，说说你对车辆的主要尺寸的了解。 2. 简述车辆的技术经济指标。 3. 计算相关车辆技术经济指标。 4. 简述车辆的主要尺寸			
任务反思	请写出你掌握的新知识点，并完成本次任务中的自我评价			

 **任务评价**

任务评价表

序号	评价项目	评价内容	分值	自评 30%	互评 30%	师评 40%	合计
1	职业素养	具有团队合作能力，交流沟通能力，互相协作、分享能力	10				
		主动性强，能保质保量地完成工作页相关任务	10				
		具有精益求精的工匠精神	10				
		能采取多样化手段收集信息、解决问题	10				

续表

序号	评价项目	评价内容	分值	自评30%	互评30%	师评40%	合计
2	专业能力	报告的内容全面、完整、丰富	10				
		掌握车辆的主要尺寸	20				
		对车辆的技术经济指标有清晰的了解	20				
		语言表达准确、严谨，逻辑清晰，结构完整	10				

 任务测评

简答题

1. 车辆有哪些主要尺寸？
2. 车辆有哪些技术经济指标？

 拓展阅读

拓展阅读

模块三

拆解车体

📖 项目简介

　　车体是电力机车上部车厢部分，在电力机车总体设计时应充分考虑车体和设备布置。你了解电力机车车体的结构要求吗？对于 HXD1 型、HXD2 型、HXD3 型电力机车，你能准确掌握它们的技术参数、结构和车体设备布置吗？请试着掌握常见车体结构及相关设备布置。

任务一　了解电力机车车体

知识目标

1. 了解车体的基本结构。
2. 掌握车体的作用。

技能目标

1. 掌握车体的设计要求。
2. 掌握车体的分类情况。

素养目标

1. 具备良好的职业道德。
2. 具备良好的团队沟通协调能力。
3. 具备自我学习能力，养成自我学习的习惯。

任务描述

车体和设备布置是电力机车总体结构、总体设计的重要组成部分。我们应该对机车车体有一个清楚的认知，初步具备车体设计的能力，为今后从事机车车体开发和维修打下基础。如果你们是车体结构设计团队，请简述在进行车体设计时应该注意的问题，请上网查阅资料，以小组的形式使用 PPT 汇报展示。

相关知识

序号	内容	讲解视频
1	车体的结构	

续表

序号	内容	讲解视频
2	车体的作用	

一、车体和设备布置

车体是由底架、侧墙、车顶和车顶盖及司机室构成的壳形结构，在车体的内部安放着各种机械、电气设备。因此，车体不仅需要足够的刚度和强度，以便承受各个方向的静载荷和冲击载荷，而且在结构上要力求整齐、通畅，从而为乘务人员和检修工作人员提供安全、方便的工作场所。

电力机车的设备布置主要是指车体内的设备以及车顶和车外的辅助设备的布置。由于机车结构复杂，设备众多，体积不一，重量不等，既有高压电器，又有低压电器，既有空气管路，又有通风冷却等机械动力设备，因此设备布置应满足重量分配均匀，安装可靠，便于运用、检修，不危及人身安全等要求，并能充分利用车体内、外空间，在兼顾各设备特殊要求又相互协调的基础上，尽力为乘务人员创造一个良好、舒适的工作环境。

二、车体的作用

车体是电力机车上部车厢部分。它的作用如下：

（1）车体是乘务人员操纵、保养和维修机车的场所。车体内设有司机室和机器间，机器间一般又分为几个室。

（2）车体内安装有各种电气、机械设备，车体可保护车内设备不受风沙雨雪的侵蚀。

（3）传递垂向力。车体和车体支承装置将车体内外各种设备的重量传给转向架。

（4）传递纵向力。车体将转向架传来的牵引力、制动力传给缓冲器，再传给车钩。

（5）传递横向力。在运行中，车体要承受各种横向作用力，如离心力、风力等。

三、对车体的要求

由于车体受力的复杂性和严重性，因此车体有以下要求。

（1）车体要有足够的强度和刚度，即在机车允许的设计结构速度内，保证车体骨架结构不发生破坏和较大变形，以确保运行安全和正常使用。

（2）为了提高机车的速度，必须减轻车体的自重，而且要求在各个方向上做到重量均匀，重心低。

（3）车体结构必须保证设备安装、检查、保养以及检修更换便利。

（4）作为现代化的牵引动力，车体设计必须充分考虑改善乘务人员的工作条件，完善通风、采光、取暖、瞭望、隔声、隔热等措施。

（5）车体结构尺寸必须符合国家规定的机车车辆限界尺寸。

（6）在满足车体基本功能和空气动力学车体外形的基础上，应使车体外形美观、大方，富有时代气息。

讨论题 1： 在车体设计过程中，设计人员如何去设计车体？

四、车体的分类

车体按承载结构可以分为底架承载式车体、底架和侧墙共同承载式车体、整体承载车体。

（1）底架承载式车体的底架承担所有载荷，而侧墙、车顶均不承载，因此侧墙结构较为轻便。但由于底架承受上部全部载荷，因此必须保证有足够的强度和刚度，所以底架较为笨重。此种车体多用作工业用电力机车车体或客车车厢。

（2）底架和侧墙共同承载式车体（又称侧壁承载车体），由于侧墙参与承载，因此侧墙骨架较为坚固，外蒙钢板也较厚，与车体底架焊成一个牢固的整体。侧墙骨架采用型钢材或压型钢板制成框架式或桁架式两种结构形式。

桁架式侧墙骨架有斜拉杆，强度、刚度都高于框架式侧墙骨架，但桁架式门窗开设不便，故多用于货车车体。机车车体或客车车厢骨架多采用框架式侧墙骨架。由于侧墙与底架结合成一个较坚固的整体，使底架重量大大减轻，从根本上降低了车体的自重，使机车的设计速度得以提高。

（3）整体承载车体的底架、侧墙、车顶组成一个坚固轻巧的承载结构，使整个车体的强度、刚度更大，而自重较小。整体承载车体过去在客货车辆中应用较多，电力机车应用较少，但随着电力机车向大功率重载和高速方向发展，现已广泛应用于电力机车车体中。

讨论题 2： 思考一下：运行中的火车车体会受到哪些载荷？

五、高速机车车体

机车在运行中所受的空气阻力在中低速时往往并不明显，但当速度达到一定值时，空气阻力就成为阻碍机车速度提高的重要制约因素。

图3-1 中国复兴号系列动车组

为了使机车在高速运行中的气流和压力分布达到最佳，以减少运行阻力，各国在机车车体外形设计上均采用了流线型车体。如采用抛物线型车体外形、子弹头型车体外形等，如图3-1所示。

此外，高速机车还应减轻车体自重，保持较轻的轴重。目前国内外高速机车车体在减轻其自重时除采用整体承载车体减轻其结构重量外，还选用轻型材料，如铝合金车体、纤维增强复合材料车体等来减轻自重，以满足高速机车低重心、轻量化的要求。

讨论题3： 为保障机车安全高速运行，高速机车车体采用了哪些先进技术？

 任务实施

任务工单

任务场景	校内实训室		指导教师	
班级			组长	
组员姓名				
任务要求	1. 任务名称：车体的整体认知。 2. 任务目的：了解车体，学会利用资源，提高资源整合能力。 3. 演练任务：请同学们讲述车体的作用，分析车体设计需要注意哪些方面，高速机车又采用了哪些新技术			
任务分组	在这个任务中，采用分组实施的方式，4～8人为一组，通过学生自荐或推荐的方式选出组长，负责本团队的组织协调工作，带头示范，督促、帮助其他组员完成相应工作			

任务步骤	1. 结合和谐型电力机车，以小组讨论的方式写出车体的作用。 2. 为满足机车的正常行驶，写出机车设计过程中应注意的安全因素。 3. 查阅资料，写出目前我国高速机车车体采用的新技术。 4. 为实现电力机车"提速"的目标，请写出本小组的设计思路
任务反思	请写出你掌握的新知识点，并完成本次任务中的自我评价

任务评价

序号	评价项目	评价内容	分值	自评 30%	互评 30%	师评 40%	合计
1	职业素养	具有团队合作能力，交流沟通能力，互相协作、分享能力	10				
		主动性强，能保质保量地完成工作页相关任务	10				
		具有精益求精的工匠精神	10				
		能采取多样化手段收集信息、解决问题	10				
2	专业能力	报告的内容全面、完整、丰富	10				
		掌握车体的作用	10				
		掌握对车体的相关要求	10				
		了解高速机车应用的新技术	10				
		在设计机车时能提供新思路	10				
		语言表达准确、严谨，逻辑清晰，结构完整	10				

任务测评

一、单选题

1. （　　）是由底架、侧墙、车顶和车顶盖及司机室构成的壳形结构。

　　A．车体 　　　　　　　　　　　B．走行部

　　C．制动装置 　　　　　　　　　D．牵引缓冲装置

2．车体应当有足够的（　　），即在机车允许的设计结构速度内，保证车体骨架结构不发生破坏和较大变形，以确保运行安全和正常使用。

　　A．韧性和刚度 　　　　　　　　B．强度和刚度

　　C．强度和硬度 　　　　　　　　D．韧性和硬度

3．机车在运行中所受（　　）在中低速时往往并不明显，但当速度达到一定值时，（　　）就成为阻碍机车速度提高的重要制约因素。

　　A．空气阻力 　　　　　　　　　B．摩擦力

　　C．牵引力 　　　　　　　　　　D．制动力

二、简答题

1．简述车体的作用。

2．在进行车体设计时，需要满足什么要求？

3．车体该如何进行分类，都有哪些类型？

拓展阅读

拓展阅读

任务二　了解 HXD1 型电力机车设备

知识目标

1. 了解 HXD1 型电力机车。
2. 能够识别 HXD1 型电力机车的基本参数。

技能目标

1. 掌握 HXD1 型电力机车的结构。
2. 熟悉 HXD1 型电力机车的设备整体布置。

素养目标

1. 具备良好的职业道德。
2. 具备良好的团队精神和沟通协调能力。
3. 学习传承工匠精神。

任务描述

假如你是某高职院校铁路专业的毕业生，入职铁路局机务段，今天是你第一天上班，小组领导说，HXD1 型电力机车是一款干线铁路重载货运的新型交流电力机车，考考你的专业知识水平，让你说说 HXD1 型电力机车的优势。你该如何回答？

相关知识

序号	内容	讲解视频
1	HXD1 型电力机车	

一、HXD1 型电力机车简介

我国国民经济持续快速、稳定的发展带动了铁路客货运量的快速增长，但铁路运输对社会经济的瓶颈制约仍然未从根本上缓解，160 km/h 以下速度等级的客运任务主要由直流电力机车和改造的货运交流电力机车来承担，随着技术的发展，电力机车不仅在性能上不断进步，还在智能化和环保方面取得了显著成就。如神 24 电力机车具备自主驾驶功能，而新型智能重载电力机车采用了大功率碳化硅变流器和大转矩永磁牵引电动机，这些技术不仅提高了机车的运行效率，还增强了其在复杂线路电网条件下的稳定性。

HXD1 型电力机车是一款干线铁路重载货运的新型交流电力机车，采用国际标准电流制，即单相工频制，电压为 25 kV，属交—直—交传动，它由接触网供给高压交流电，在机车上降压、整流，通过中间直流环节变成直流电，然后通过牵引逆变器、辅助逆变器将直流电变换成三相交流电，用来驱动交流牵引电动机及其他辅助三相交流电动机。

机车由电气部分、机械部分和空气管路系统三大部分组成一个有机整体。三大部分既互相配合，又各自发挥独特作用，共同保证机车性能的正常发挥。机车电气部分的主要功用是将来自接触网的电能变为牵引列车所需要的机械能，实现能量转换，同时还实现对机车的控制。机车机械部分主要用来安设司机室和各种电气、机械设备，承担机车重量，产生并传递牵引力及制动力，实现机车在线路上的行驶。电力机车的空气管路系统的作用是产生压缩空气供机车上的各种风动器械使用，并实现机车及列车的空气制动。

机车车体采用整体承载结构形式，是由钢板及钢板压型件组焊而成的全钢焊接结构。机车总体结构为双司机室、机械间设备基本按斜对称原则布置。

机车车体由两节重联车体组成。单节车体采用单端司机室的全钢框架结构，主要由底架、司机室、左右侧墙、司机室隔墙、车体后端墙、车体顶盖、顶盖连接横梁、车内焊接件、牵引缓冲装置及车体附属部件组成，车体内机械室设有中央直通式走廊，两节车之间设有过渡通道，该通道与两节机车的中间走廊相连，构成同一台机车的两司机室之间的通道。车体所用材料能保证机车在 −40 ℃低温环境中工作。

每节机车有两台 Bo 动力转向架。转向架主要由一、二系悬挂装置，构架，轮对，驱动装置，低位牵引杆装置（转向架与车体连接装置），轮盘基础制动装置和转向架辅件等部分组成。转向架完全满足可互换和模块化的要求，转向架构架由两根侧梁、一根牵引梁和两根端梁组成，每一端梁上装有两套单元式制动夹钳。轮对由整体车轮和锻造车轴组成，每个车轮上安装有两个盘形制动的制动盘。电动机悬挂采用抱轴方式，齿轮箱采用铝合金材料，一、二系悬挂装置均采用钢制卷簧，机车实现 23 t 与 25 t 轴重转换时须对一、二系悬挂装置作简单调整。

机车设备布置采用模块化的结构，以便有效地缩短维修、组装时间，使系统和部件能独立地在机车外进行预组装和预试验。机械间内设备沿车内中间走廊两侧平行布置，采用导轨安装方式固定，两节车除生活设施和通信信号设备外，其余设备和布置相同。

机械间内布管和布线采用预布式中央管排和中央线槽方式，中央管排和线槽安装在中央走道下，美观且便于生产和维护。驱动系统的动力线则安装在走道两边的设备安装架内，使动力电缆与控制及信号线有机地分离，以保证电系统的可靠性。

主变压器采用卧式悬挂，并与机车蓄电池柜一起吊装在机车两转向架之间的底架下。车顶高压电器集中安装在靠后端的一块活动顶盖和后端墙上固定顶盖上。通信用的天线设备分别安装在司机室顶和其他几块活动顶盖上。

司机室的设备布置符合规范化司机室的要求，同时适于单司机操纵。

机车冷却通风系统为独立式通风系统，机车运行时机械间保持微正压工况，整车的通风可分为四个部分：牵引电动机通风系统；变压器、变流器冷却用油水冷却塔通风系统；辅助变压器柜及车内通风系统；司机室空调通风系统。四个通风系统相互独立，互不影响。

机车每节车厢都装有一台螺杆式压缩机、一台双塔干燥器、两个 500 L 的主风缸，这些设备构成了机车主风源系统。压缩机生产的高压风经干燥器干燥净化后送入主风缸。

每节机车安装了一套相同的克诺尔 CCB Ⅱ 型制动机。该系统的制动控制单元（BCU）安装在制动柜中，BCU 通过多功能车辆总线（Multifunction Vehicle Bus，MVB）与 CCU 实现制动信号的交换。

讨论题 1： 对于 HXD1 型电力机车，你还知道哪些?

二、机车技术参数

（一）用途及使用环境

1. 用途

HXD1 型电力机车用作铁路干线客运机车。

2. 使用环境条件

HXD1 型电力机车按额定功率运行的条件如下：

（1）海拔条件：海拔高度不超过 2 500 m。在海拔高于 1 400 m、环境温度为 +35 ～ +40 ℃时，连续在最大功率状态下运行可能出现功率限制。

（2）环境温度：（遮阴处）-40 ～ -25 ℃。

机车基础结构按照 -40 ℃运用环境设计，并预留加强防寒设备安装接口和布线空间。机车能够在 -40 ℃环境下存放，加强防寒和预热后能够在 -40 ～ -25 ℃环境下正常运用。

（3）温度条件：月平均最大相对湿度（该月月平均最低温度不低于 25 ℃）为 95%。

（4）环境条件：能承受风、雨、雪、盐雾、粉尘的侵袭。

（二）主要结构参数及特点

HXD1 型电力机车车体设计部分主要采用 ISO、UIC、DIN、EN 等标准，其余采用了我国相关标准。作为整体承载车型，HXD1 型电力机车车体依照 EN12663、ERRIB12/RP17 等相关静强度、疲劳强度设计及评判标准，将整体骨架设计为适当的箱形网状结构，使应力通过车体整体骨架均匀、有效地分布和传递。司机室结构设计符合 UIC651 的相关要求，并充分考虑了人机工程学；侧窗外蒙皮采用细晶粒高强度结构钢以应对侧窗窗角的应力集中；底架采用了贯通式中央纵梁的框架结构；侧构设计成上倾斜的网架式结构；顶盖采用平板小顶盖结构；机械室采用中央走廊方式；钩缓系统选用了小间隙的 13A 型 E 级钢车钩和大容量的 QKX100 型弹性胶泥缓冲器，缓冲器设置过载保护的变形吸能装置。

机车的车体的具体结构参数见表 3-1。

表 3-1 HXD1 型机车车体的结构参数

主要结构参数	参数值	主要结构参数	参数值
车体总宽度	3 100 mm	顶盖距轨面高度	4 003 mm
车体端面长度	17 138 mm	底架地板上平面距轨面高度	1 498 mm
车钩中心距离	17 596 mm	车体底架长度	16 835 mm
车钩中心线距轨面高度	（880±10）mm	车体总重（组焊结构）	约 23 300 kg

讨论题 2： 从 HXD1 型电力机车的参数中，你能知道什么呢？

HXD1 型电力机车车体结构还具有以下特点：

（1）车体采用整体承载结构，沿车钩纵向水平中心线可承受 2 450 kN 的静压力和 2 450 kN 的静拉力而不会产生永久性变形。

（2）车体侧梁外侧设有 4 个检修作业用的吊销套，车体前后牵引梁两旁还分别设有救援用的 4 个吊销套。

（3）车体与转向架间设有备用连接装置，可将车体同转向架一并吊起。车体和转向架同时整体吊起或一端吊起，车体各部分不会产生永久性变形和其他损坏。

（4）每节车体侧下设有 6 个架车支承座和供检修用的 6 个支承点。

（5）车体内机械室设有中央直通式走廊，走廊宽度为 600 mm。

（6）司机室前上部设有前窗，前窗玻璃采用能自动除霜的电加热玻璃，司机室侧面设有两个带联动锁的入口门和能够上下启闭的活动侧窗。司机室后墙处设有通往机械室的门，两节机车连接处还设有带自动闭门器的门及连通两节车体间的连挂风挡。

（7）机车的司机室前端两侧设有方便调车员调车作业的脚踏板，并有相应的扶手。

（8）底架前端牵引梁下方装有排障器，其中央底部能承受 137 kN 的静压力。

（9）车体组焊后要求侧构表面平面度在 2 000 mm 内不超过 3 mm，不允许有硬伤或局部凹凸不平现象。车体两侧倾斜度不大于 5 mm，两侧构组装时，与车体顶盖连接的安装孔距和各连接横梁顶盖沿车体纵向安装的尺寸公差须符合要求范围。

（10）车体总成以及各部件的焊接应依据相关的检测规范进行试验和检查，各板搭接处应进行焊前预处理。

（11）焊接材料要求：16 MnDR 材料及其他碳钢之间，一般采用 G2Si 焊丝，部分采用 ER5087 和 ER5183 焊材。普通不锈钢之间采用 ER308L 焊材，而不锈钢与碳钢之间一般采用 ER309L 焊材。

三、HXD1 型电力机车结构

HXD1 型电力机车为双节重联的 8 轴大功率交流传动电力机车，其重联的两节车体完全相同。单节车体采用单端司机室的框架空间结构，它既是机车所有设备的载体，又是机车动力的传递载体，除走行部件外的其他机械、电器设备以及附属装备都安装在车体上，同时在机车运行过程中，车体不但要传递牵引力和制动力给车钩以及承受垂直载荷，还要承受水平方向的冲击载荷和侧向力的作用。

作为电力机车的主要承载部件，车体采用整体式承载结构，以便具有足够的强度和刚度并适应 2 万吨重载牵引的要求。

车体各部件主要由钢板和钢板压型件组成，其中，司机室、底架、侧构、隔墙及后端墙等主要由钢结构部件组焊成一个箱形壳体结构，顶盖设计成可拆卸的形式，以便于车内设备吊装。车体外形设计成粗犷有力的大棱角并有适度的圆角过渡，并设置有牵引缓冲装置、排障器、车体各室门和司机室侧窗等附属部件。

1. 底架

HXD1 型电力机车车体底架采用贯通式中央纵梁的框架结构，主要由前端牵引梁、后端牵引梁、侧梁、枕梁、变压器梁、中央纵梁、底架盖板、底架上焊接部件等组成。底架材料主要为 12 mm、16 mm、20 mm、24 mm 低温容器板 16 MnDR，或压型或加工，以坡口焊接为主，并进行整体静调处理。各主要承载梁均采用钢板或钢板压型件组焊成箱形或类似结构，从整体上提高了车体的刚度和强度。各横向梁与侧梁连接处均采用插入式焊接，而且插入处均采用了圆弧过渡，有效避免了连接部位截面变化引起刚度突变以至于应力集中。

前端牵引梁和后端牵引梁是传递牵引力、承受制动力与冲击力的主要部件，由上盖板、前端板、后端板、加强撑板、中心纵梁、下盖板、车钩箱等组成空腹箱形结构，牵引梁前端焊有螺孔座，可以将安装车钩吊杆的冲击座用螺栓紧固在上面。车钩箱直接焊装于前、后牵引梁的下盖板上，用于安装机车车钩、缓冲装置和变形吸能装置。车钩箱为厚板组焊的加强箱体，有足够强度满足车钩传递的牵引力和冲击力，内部空间完全满足国产 13 号标准牵引缓冲装置的安装和互换，与转向架相连的牵引拉杆座就直接用特殊螺栓安装在车钩箱的下部。另外，前端牵引梁上、下盖板之间还焊装有空调排气风道，两侧装有机车救援吊销孔，其下盖板上还焊有用于安装排障器的安装条。

车钩箱组焊时有较高的形位尺寸要求：两从板座端面平面度不超过 0.5 mm，与变形吸能单元安装面的平行度不超过 1 mm，车钩箱中轴线与牵引梁下平面的平行度不超过 2 mm。

侧梁位于底架两侧，是底架主要承载及传力部件，由 U 形压型梁与内立板组焊而成，内立板上与枕梁、变压器梁连接处预留断口，以便枕梁、变压器梁插入，与压型梁直接连接，共同形成更牢固的结构体。垂向减振器座与转向架整体起吊座设计成一体并焊接在侧梁下部。横向减振器座采用嵌入方式与侧梁焊接成一个整体结构。左右侧梁上各设有 3 个吊销套，靠中间的吊销套用于机车的整体起吊，靠后端的吊销套用于单端救援，侧梁每个吊销套位置的下翼板上焊装架车垫板。枕梁主要承受车体和设备的重量载荷及垂向冲击载荷，主要由压型横梁、内立板、中心纵梁、中心限位座等组成，枕梁的两端直接插入侧梁组焊。

另外，变压器梁主要是由倒 T 形纵横梁（由下翼板和立板组焊）和纵向 U 形中梁组焊成的框架梁，用于承载变压器的重量载荷及其冲击载荷，其倒 T 形横梁也直接插入侧梁组焊。中央纵梁为压型 U 形梁，宽度达 600 mm，完全贯穿于整个底架，并与各被贯穿梁焊接在一起，与侧梁同时起到主要传力路径的作用。在底架两牵引梁之间，焊装 4 大块 10 ~ 12 mm 厚的盖板，主要用以直接装配机车设备或焊装装配机车设备的安装支架，盖板也同时进一步加强了底架的刚度和强度。

2. 司机室

HXD1 型电力机车司机室采用准流线型外形，增强了整体外观的视觉效果。司机室前部设有前窗，采用胶粘方式将两块复合的电加热玻璃分别与司机室钢结构粘接连接。司机室两侧面设有可上下开启的活动侧窗以及入口门。司机室后墙上设有走廊门，通向机械间中央走廊。司机室结构采用了骨架与蒙皮一起形成整体承载的钢结构形式，且采用左右侧墙、前墙及顶棚组成的模块化结构，因此蒙皮及骨架梁均由 6 mm 低温容器板拼装或压型而成，不仅简化了组装工艺，而且加强了司机室的承载能力。

司机室前端两侧均设计成斜板箱体结构，从底部逐渐过渡到顶部，然后通过司机室侧墙上部梁自然过渡到侧构的上弦梁，这样就保证了车体拉伸、压缩工况下的力矩有效地通过司机室传递到侧构上弦梁，然后通过侧构上弦梁传递到车体后端，这样也保证了车体整体一致的外观效果。为满足 EN 12663 中关于司机室腰梁处应能承受 300 kN 均布载荷的要求，司机室腰梁设计成较大的箱形结构，并设置加强隔板，该区域结构得以有效强化。为了应对司机室侧窗窗角结构性的应力集中，侧窗部位采用了 6 mm 厚的 HG785E 细晶粒高强度结构钢板材。司机室入口门门角通常也是应力集中区，因此门角处设计成圆滑过渡结构，并避开了焊缝，保证了应力不会过度集中于门角或焊缝区域。

司机室顶部焊有头灯安装箱及天线安装座，前下部左右两边对称焊有安装机车副头灯的安装法兰。在司机室前窗口边沿下及两侧大倒角处，焊有方便维护、清洁及调车用的扶手杆。

为保证司机室防寒隔热，在司机室各主要骨架梁焊接前塞满防寒隔声材料。司机室钢结构如图3-2所示。

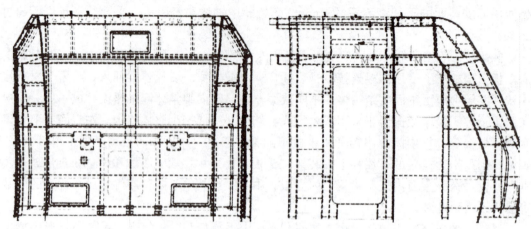

图3-2　HXD1型电力机车司机室钢结构

3. 侧构及隔墙

HXD1型电力机车车体侧构采用了上倾斜网架式结构，根据设计计算分析结果，侧构骨架的设计和布置充分体现了强度和刚度强弱合理布置的原则。如布置于侧构上部的两根上弦梁均采用了6 mm厚的板材，通过压型、焊接、设置加强隔板等方式，形成封闭的箱形结构，并且两上弦梁之间设置了较多高强度连接梁，有效强化了侧构上弦梁部位的强度和刚度。侧构下部骨架的立柱和横梁大都设计成一边均匀断续开口的角梁结构，断续边与蒙皮焊接在一起，使断续边与蒙皮自然形成坡口，保证了其焊接可靠性，也降低了侧构平面焊接变形的可能性，同时由于下料成型的均匀断续边，减少了人工控制断焊的不均匀性，提高了焊接质量。侧构上弦梁部位设置了多个通风口，用于安装单独通风冷却电气设备的通风过滤装置。侧构顶部焊接了HALFEN安装轨，用于安装车体顶盖。

侧构除上弦梁外的其他纵、横梁均采用3 mm Q345E钢板压型，蒙皮也采用3 mm Q345E钢板。侧构上弦垂直立面与侧构外墙面之间的平行度不大于2 000 mm，外墙本身平面度不大于2 000 mm。侧构结构如图3-3所示。

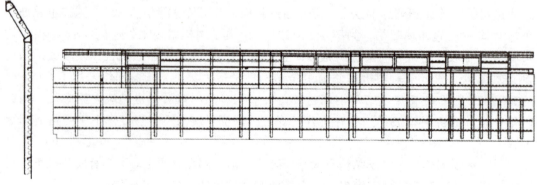

图3-3　侧构结构

HXD1 型电力机车车体隔墙因不承受较大的载荷，其骨架厚度设计较薄。隔墙的司机室侧设置隔声性能优良的减振复合隔声钢板，有效地隔离了机械间噪声对司机室的污染。后端墙不仅构成车体箱体结构的一个端面，还要考虑与另一节车相连，因此设计了后端墙门和通道，后端墙上还设置了尾照灯、连挂风挡等。

4. 顶盖

HXD1 型电力机车车体顶盖设计成 4 个可拆卸的框架式活动小顶盖，通过 HALFEN 螺栓与侧墙和顶盖连接横梁上的 HALFEN 安装轨相连，连接充分考虑了结构的防水性，设置了密封结构。中间的 2、3 号顶盖上焊有天线安装法兰，靠近后端墙的 4 号顶盖上焊有受电弓安装座、高压互感器安装座及上顶盖的天窗门等。

5. 车体附属部件

车体附属部件主要是指车体上的门、窗、后端墙部件、排障器、司机室内装、扶手杆、脚踏、走廊盖板、司机室地板等。

车体上的门有司机室入口门、司机室后墙门和车体后端墙门。司机室入口门采用框架、面板拼焊结构，较传统国产机车入口门宽敞，中间填充防寒隔声材料，其上安装有联动的入口门锁。司机室后墙门和车体后端墙门大小一致，借用传统国产机车走廊门，采用整体压型门板与加强筋组焊结构，中间同样填充防寒隔声材料。不同的是，司机室后墙门门锁不带钥匙，车体后端墙门门锁带钥匙，且门上部有闭门器。各门上均有中空橡胶密封条密封。

司机室侧窗主体框架为铝合金型材折弯、组焊结构，与连杆、滑轮、弹簧等其他部件装配而成侧窗机构。侧窗不仅要求能在垂直方向任一位置停留，而且要求关闭严密，雨雪不得渗漏。

后端墙部件主要是指车体联挂风挡装置，应用于单节机车车体后端墙外、重联机车连接处，主要由橡胶折叠风挡和风挡渡板组成。橡胶折叠风挡由耐寒、耐油橡胶在整体模具中成型后再用压板折叠而成，具有装配简单、耐用、弹性好等优点。风挡渡板主要采用花纹钢板切割而成。在渡板设计时须注意两节机车的压缩变形及运行惯性，以免在机车运行过程中发生渡板碰撞变形。

排障器左右对称并用螺栓紧固于前端牵引梁前下部，采用压型犁式钢板和支撑梁组焊结构。由于落车后要求排障器底部距轨面高度为（110±10）mm，因此排障器主体下部装设了可调节高度的小排障器部件，在小排障器与排障器的连接部位都开有长圆孔，便于落车后调整排障器的高度。

司机室内装主要由左右侧墙安装、顶棚安装、前墙安装等组成，内饰板由 3 mm 铝合金板压型并局部冲孔，通过螺钉紧固在相应支座上。内饰板与钢结构之间填充防寒隔声材料，防寒隔声材料主要为 60 mm 厚的高发泡聚乙烯（自熄）上粘贴一层 1 mm 厚的特殊金属隔声材料，这样能有效达到防寒隔声的目的。走廊盖板由 6 mm 花纹铝合金板用螺钉紧固在车体两侧相应位置上，起遮蔽和过道作用。司机室地板分左、中、右三块，左右地板对称，且由阻燃层压板与防火、防滑、耐磨橡胶板组成，左右地板上设有司机休息用活动床铺的固定座，中间地板由 6 mm 铝合金板与防火、防滑、耐磨

橡胶板组成。

司机室入口门两侧及靠近底架后端牵引梁救援吊座位置装有不锈钢扶手杆，在排障器两侧、入口门脚踏孔处，设有由 3 mm 钢板冲压花齿的防滑脚踏，以方便司乘人员安全进入或调车。

四、车体设备整体布局

机车采用双司机室、机械间为贯穿中间走廊结构（宽度≥ 600 mm），机械间设备基本按照斜对称布置的原则进行布置。全车设备布置可分为车顶设备布置、司机室设备布置、机械间设备布置和车下设备布置、辅助设备布置及机车布线等几个部分。HXD1 型电力机车设备布置如图 3-4 所示。

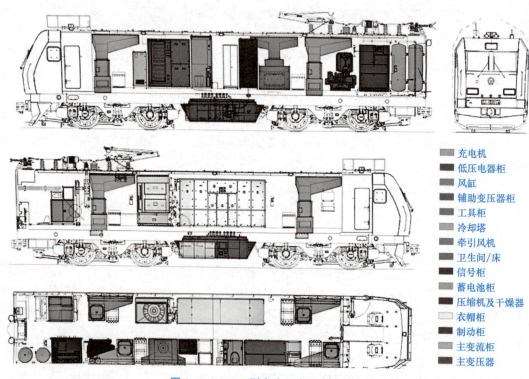

充电机
低压电器柜
风缸
辅助变压器柜
工具柜
冷却塔
牵引风机
卫生间/床
信号柜
蓄电池柜
压缩机及干燥器
衣帽柜
制动柜
主变流柜
主变压器

图 3-4　HXD1 型电力机车设备布置

（一）机械间设备布置

机械间内布置了牵引风机、主变流器、主冷却塔、辅助滤波柜、低压电器柜、6A 系统屏柜、蓄电池及控制电源柜、第三方设备柜、空气管路柜、压水机及干燥器、卫生间、工具柜、列车供电柜等。俯视机械间设备布置如图 3-5 所示。

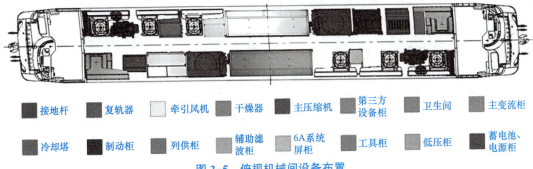

■ 接地杆	■ 复轨器	□ 牵引风机	■ 干燥器	■ 主压缩机	■ 第三方设备柜	■ 卫生间	■ 主变流柜
■ 冷却塔	■ 制动柜	■ 列供柜	■ 辅助滤波柜	■ 6A系统屏柜	■ 工具柜	■ 低压柜	■ 蓄电池、电源柜

图 3-5 俯视机械间设备布置

主要设备的具体功能如下。

1. 主变流器

主变流器采用先进的水冷 IGBT 模块，含有 2 个相互独立的主传动变流系统和辅助变流系统。主变流器从主变压器次边取电，通过 4 个四象限斩波器（4QC）向两个独立的中间电压直流环节供电。主传动三相逆变系统由两个相同的 PWM 逆变器组成，每个 PWM 逆变器为同一转向架上的两台牵引电动机供电。辅助变流系统由两个相同的 PWM 逆变器组成，为机车的辅助设备（通风机、压缩机等）供电，4QC 和逆变器采用相同的模块，所以具有互换性。

2. 辅助变压器柜

辅助变压器柜含有辅助变压器，主变流器中辅助变流器模块的输出为其输入电源，经过辅助变压器进行电压调整后，为机车辅助系统所有负载提供三相电源。其冷却通风机除冷却辅助变压器外，还向机械间送风以保持机械间微正压。

3. 牵引通风机组

牵引通风机由侧墙上的百叶窗吸风后，经过独立的风道，然后将冷却风吹向牵引电动机，带走牵引电动机工作时产生的热量。

4. 冷却塔

通过冷却塔通风机从车顶吸风，通过封闭的油回路冷却主变压器的油温，同时通过封闭的水回路冷却主变流器的水温。冷却塔上主要装有冷却塔通风机、油 / 水散热器、水泵、膨胀水箱、变压器副油箱等设备。

5. 低压柜

低压柜由两部分组成。一部分装有各种接触器、自动开关、微机系统的 SKS3 模块和继电器等，主要是辅助电路和控制电路的控制电器。另一部分由加热电阻、温度开关、三相变压器（3 AC 440 V ～ 3 AC 230 V）、DC/AC 逆变器和电容组成，主要是在低温情况下进行加热和使用库内电源时进行相关的匹配操作。

6. 卫生间

在 A 节机车的机械间装有用于司乘人员盥洗的整体卫生间，该卫生间由车上卫生间和车底的管道组成。车上卫生间是一个箱形壳体，卫生间装有坐便器、洗手台、水箱、镜子、加热器、真空泵和污物箱等设备。整体卫生间的管道为其提供水路、气路的接入

和排放以及污物的排放。卫生间内的污物箱是用于收集和存储污物的装置，它的内部装有液位开关、温度传感器和加热器等设备。污物的排放可以利用地面转储车采用真空抽吸方式或直接重力排放来实现。

7. 蓄电池充电机

蓄电池充电机主要有两个功能：一是通过 AC-DC 整流，将机车辅助系统三相交流 440 V 电源变为直流 110 V 电源，为机车提供 110 V 电源，并为蓄电池组充电。二是将机车上的直流 110 V 电源变为直流 24 V 电源，为应急灯、仪表等设备提供电源。

8. 空气制动柜

空气制动柜集成了 CCBⅡ制动机和空气管路系统相关部件以及 MVB 网络的相关接口，为机车空气制动的核心组成部件，在其上部还装有机车辅助压缩机和安全钥匙箱（BSV）。

9. 信号柜

信号柜主要安装了机车的信号主机、LKJ2000 监控、TAX2 等机车安全装置。

10. 衣帽柜

衣帽柜用来存放乘务人员的衣帽和其他私人物品。

11. 工具柜

工具柜主要用来存放随车的工具和随车附件。在 B 节机车机械间的工具柜上还装有微波炉和小冰箱。

（二）车顶设备布置

HXD1 型电力机车的车顶设备包括高压户外电气设备和通信用的天线设备。高压户外电气设备既要满足机车电气性能的要求，又要有足够的高压绝缘性能和抵抗风、沙、雨、雪、低温等恶劣自然环境的侵害及雷电过电压袭击的能力。HXD1 型电力机车在设计时还应充分考虑用户的重度煤尘污染和防寒的环境要求。

在机车顶盖上相应布置有受电弓（2 个）及支撑瓷瓶、主断路器、高压电压互感器（2 个）、车顶门、高压隔离开关（2 个）、避雷器（3 个）、25 kV 高压电缆、高压穿墙套管及天线。车顶设备布置如图 3-6 所示。

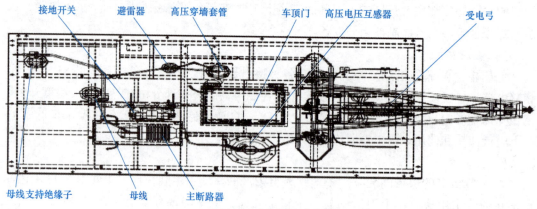

图 3-6　车顶设备布置

（三）司机室设备布置

机车设有两个司机室，两个司机室的布置基本相同。司机室正、副司机侧各设有1扇通向车外的门，后墙中间设有1扇通向机械间的门，与车内中央走廊连通。司机室设备布置分成操纵台设备布置、前墙设备布置、后墙设备布置、侧墙设备布置、顶部设备布置五个部分。司机室布置如图3-7所示。

操纵台采用模块化设计，由台面板模块、左模块、中模块、右模块和主司机脚踏模块、副司机脚踏模块组成。主司机操纵台位布置所有与运行有关的操纵装置、仪表、显示装置、开关按钮等。按其功能可分为运行区、制动区、牵引区和气候区。司机室后墙安装有添乘座椅、暖风机、

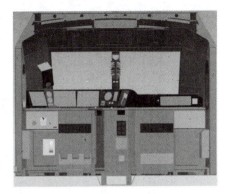

图 3-7 司机室布置图

衣帽钩、灭火器等设备。主司机侧天花板布置有感温探测器、感烟探测器、风扇、照明灯、记点灯、摄像头。副司机侧顶棚布置风扇、照明灯、记点灯。

前窗主要布置有遮阳帘、刮雨器单元、八显灯、空调风道等。前墙左侧拐角处布置6A显示终端及均衡风缸压力表。前墙设备布置如图3-8所示。

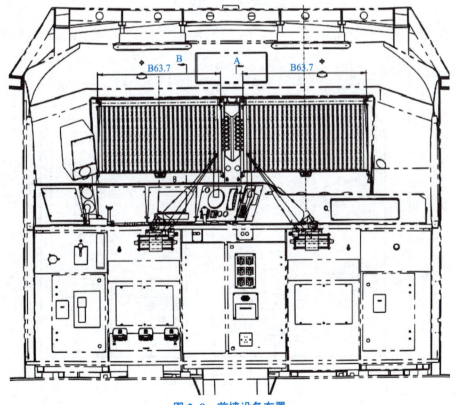

图 3-8 前墙设备布置

司机室左右侧墙布置相同，侧墙的外侧各布置了一个外挂式后视镜，司机室内操纵台下布置有一个暖风机等。侧墙设备布置如图 3-9 所示。

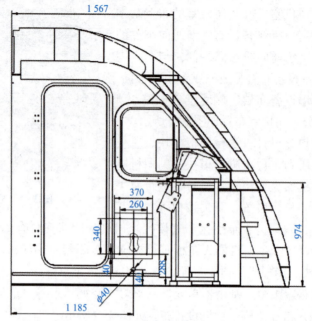

图 3-9　侧墙设备布置

司机室后墙布置有添乘座椅、灭火器、衣帽钩及暖风机等设备。后墙布置如图 3-10 所示。

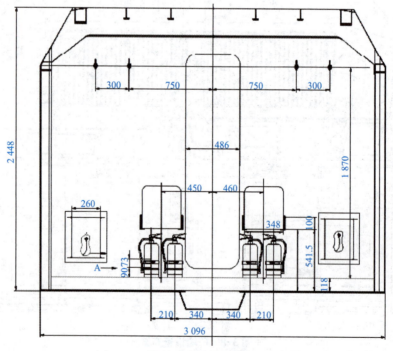

图 3-10　后墙布置

司机室布置要求：内部噪声要求符合《铁道机车和动车组司机室噪声限值及测量方法》(GB/T 3450—2006)，不超过 75 dB（A）；前、侧窗设置符合《机车司机室前窗、侧窗和其他窗的配置》(GB 5914.2—2000) 及《机车司机室布置规则》(GB/T 6769—2016) 中相关要求；照明及其他附属设备设置符合《机车司机室布置规则》(GB/T 6769—2016) 中相关要求；取暖、通风及空调装置，符合《机车司机室布置规则》(GB/T 6769—2016) 中3.2.3 条及《机车空调装置技术条件》(TB/T 2866—1997) 中的相关要求；司机室相关安全规则符合《机车司机室特殊安全规则》(GB/T 6770—2020) 中的相关要求。

 任务实施

任务工单

任务场景	校内实训室		指导教师	
班级			组长	
组员姓名				
任务要求	1. 任务名称：认识 HXD1 型电力机车。 2. 任务目的：了解 HXD1 型电力机车，学会利用资源，提高资源整合能力。 3. 演练任务：请同学们讲述 HXD1 型电力机车的技术参数和结构参数，分析 HXD1 型电力机车的设备整体布局			
任务分组	在这个任务中，采用分组实施的方式，4～8人为一组，通过学生自荐或推荐的方式选出组长，负责本团队的组织协调工作，带头示范、督促、帮助其他组员完成相应工作			
任务步骤	1. 识别 HXD1 型电力机车的技术参数，了解 HXD1 型电力机车的用途和使用环境。 2. 分析 HXD1 型电力机车的结构参数，分别对底架、司机室、侧构及隔墙、顶盖、车体附属部件进行介绍，阐明各结构的优点。 3. 分析 HXD1 型电力机车的设备整体布局，讲述机械间和司机室的设备整体布局，阐明车体布局的优势所在			
任务反思	请写出你掌握的新知识点，并完成本次任务中的自我评价			

任务评价

序号	评价项目	评价内容	分值	自评30%	互评30%	师评40%	合计
1	职业素养	具有团队合作能力，交流沟通能力，互相协作、分享能力	10				
		主动性强，能保质保量地完成工作页相关任务	10				
		具有精益求精的工匠精神	10				
		能采取多样化手段收集信息、解决问题	10				
2	专业能力	报告的内容全面、完整、丰富	10				
		熟悉 HXD1 型电力机车的技术参数	10				
		了解 HXD1 型电力机车的用途和使用环境	10				
		掌握 HXD1 型电力机车的结构参数	10				
		熟悉 HXD1 型电力机车的设备整体布局	10				
		语言表达准确、严谨，逻辑清晰，结构完整	10				

任务测评

一、单选题

1. HXD1 型电力机车是一款干线铁路重载货运的新型交流电力机车，由两节机车重联而成，机车采用国际标准电流制，即单相工频制，电压为（ ）kV。

　　A. 20　　　　　　　　　　　　B. 25

　　C. 27.5　　　　　　　　　　　D. 30

2. HXD1 型电力机车每节车体侧下设有（ ）个架车支承座和供检修用的（ ）个支承点。

　　A. 6　　　　　　　　　　　　 B. 7

　　C. 8　　　　　　　　　　　　 D. 9

3. HXD1 型电力机车车体内机械室设有中央直通式走廊，走廊宽度为（ ）mm。

　　A. 500　　　　　　　　　　　 B. 600

　　C. 700　　　　　　　　　　　 D. 800

二、简答题

1. 思考 HXD1 型电力机车的电气传动方式。

2. 简述 HXD1 型电力机车车体结构。

3. HXD1 型电力机车车顶设备如何布置?

拓展阅读

拓展阅读

任务三　了解 HXD2 型电力机车设备

知识目标

1. 了解 HXD2 型电力机车。
2. 能够识别 HXD2 型电力机车的基本参数。

技能目标

1. 掌握 HXD2 型电力机车的结构。
2. 熟悉 HXD2 型电力机车的设备整体布置。

素养目标

1. 具备良好的职业道德。
2. 具备良好的团队沟通协调能力。
3. 具备自我学习的习惯，培养自我学习的能力。

任务描述

　　HXD2 型电力机车是以法国国铁 BB 27000 型电力机车为原型车开发研制的干线货运八轴大功率交流传动电力机车，最大功率为 10 000 kW，最高运行速度可达 120 km/h。你还知道哪些关于 HXD2 型电力机车的优点，请查阅资料，制作 PPT，上台讲解。

相关知识

序号	内容	讲解视频
1	HXD2 型电力机车技术参数	

一、HXD2 型电力机车简介

HXD2 型电力机车是由两节（双 Bo-Bo）4 轴电力机车通过内重联环节连接组成的 8 轴重载货运大功率交流传动电力机车。机车电气传动系统采用交—直—交流电传动方式，牵引电动机采用轴控方式，运用了先进的 FIP 网络控制技术，系统具有很强的自检和故障识别诊断能力。关键部件具有冗余设计，发生故障时，能保留最大的牵引力和制动力，大大提高了机车运行的可靠性。考虑到初期使用的大秦线隧道多，还会受到煤尘、雨雪的侵蚀，车体结构和空气过滤系统都进行了针对性设计。

HXD2 型电力机车主要部件有车体、转向架、主变流柜、辅助变流柜、主变压器、系统柜、通用柜、制动柜、空气管路柜、电台柜、信号柜、工具柜、司机生活间等，列车微机网络控制系统基于 FIP 网络通信。

机车主电路采用由 IGBT 模块组成的四象限整流器和逆变器对牵引、再生制动实行连续控制。

机车辅助电源为三相交流 380 V/50 Hz，采用由 IGBT 元件组成的辅助逆变机组，机车控制电源为 110 V 直流电。

机车主电路、辅助电路、控制电路在各种工况下均有完善而可靠的短路、过载、接地、过电压、欠压、过热、空转、滑行以及通风、油流和水流系统的故障保护装置，并在司机室的微机显示屏上显示故障内容及有关故障处理提示。

为牵引 20 000 t 重载货运列车，还装有 LOCOTROL 远程重联控制系统。

二、机车技术参数

1. 用途

HXD2 型电力机车用于牵引 20 000 t 重载货运列车。

设计速度：最高设计速度 140 km/h，最高运行速度 120 km/h。

最大功率：10 MW。

电制动方式：再生制动。

整车长度：38 150 mm。

冷却方式：主变流器采用水冷却，主变压器采用油循环冷却，牵引电动机通过独立风道通风冷却。

牵引电动机采用鼻式悬挂。

2. 使用环境条件

（1）使用环境：海拔不超过 2 500 m；最大相对湿度（该月月平均最低温度不低于 25 ℃）90%。

（2）正常工作环境温度（遮阴处）在 −25 ～ +40 ℃。可在 −40 ～ +40 ℃正常存放，采取加温和防寒措施后可在 −40 ℃环境条件下正常工作。

（3）能承受风、沙、雨、雪、煤尘和偶尔的沙尘暴。

讨论题 1：HXD2 型电力机车和 HXD1 型电力机车参数比较。

三、HXD2 型电力机车结构

HXD2 型电力机车主要由底架、侧墙、后端墙、车顶盖、车钩和缓冲器、司机室钢结构及司机室入口门、前窗和侧窗、前鼻端组成，其总图如图 3-11 所示。

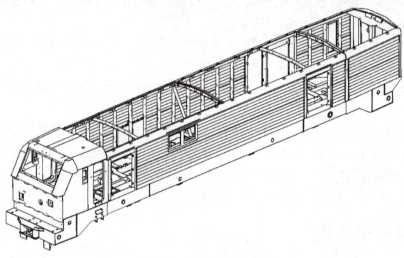

图 3-11　机车车体总图

车体底架主要结构包括 2 个端梁、2 个转向架支撑横梁、2 个低位牵引横梁、2 个边梁，如图 3-12 所示。

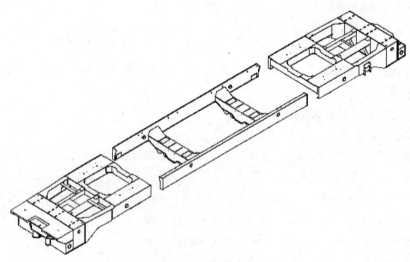

图 3-12　车体底架

　　侧墙骨架（图 3-13）由上弦梁和支撑立柱组成，其上覆盖波纹钢板，侧墙焊接在底架上，彼此端部用隔板连接。侧墙开口仅限于维修门、生活间侧窗以及牵引电动机风机、辅助变流柜和主压缩机进气口。

图 3-13　侧墙

后端墙如图 3-14 所示。

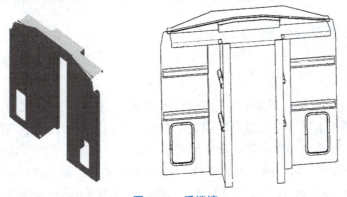

图 3-14　后端墙

　　司机室钢结构为框架式焊接结构，在其两侧设有两个入口门和一个大的前窗。司机室后墙采用独立的焊接框架结构，内侧为多孔钢板，外侧为钢板焊接，中间为防寒隔声材料，包括一个通往设备间的门，如图 3-15 所示。

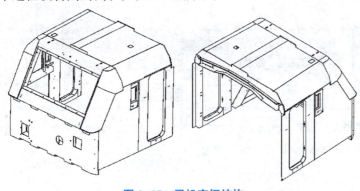

图 3-15　司机室钢结构

司机室入口门宽约 684 mm，高约 1 756 mm。入口门密封良好，能防止尘土、雨雪侵入。司机室前窗采用电加温玻璃，具有抗冲击、隔声等性能。玻璃和窗框通过胶粘剂连接，能有效避免钢结构内应力直接传递到玻璃上造成玻璃损坏。司机室侧窗为固定侧窗，专为后视镜的观察而设。在侧墙后部设有下拉式滑动侧窗，与入口门上的活动窗结构相同，有很好的互换性。

讨论题 2：对于 HXD2 型电力机车车体结构，你还了解哪些呢？

四、车体设备整体布局

（一）车顶

HXD2 型电力机车每节车车顶共有 3 块可拆卸顶盖，长度分别为 6 292 mm、6 217 mm、2 932 mm。车顶盖上安装电气设备，顶盖上有由不锈钢制成的冷却空气的进气口、出口和高压设备。车顶盖是用螺栓和螺母从外侧安装紧固，用热胶合的方法制作的空心橡胶密封件，确保车体的防水性能，拆装方便。A、B 节的第一、第二顶盖相同，所不同的是 A 节车第三顶盖上装有生活区所需的顶置式空调，而 B 节车的第三顶盖上不装空调。

车顶高压设备包括受电弓、主断路器、接地开关、高压电压互感器、高压隔离开关、高压连接器等。车顶设备布置如图 3-16 所示。

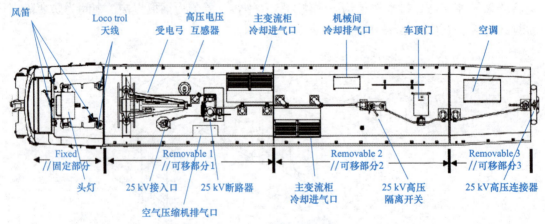

图 3-16　车顶设备布置

（二）机械间

机械间由 2 个主变流柜、1 个通用柜、1 个辅助变流柜、1 个气动柜、1 个系统柜、1 个无线电柜、1 个安全系统机柜组成。机械间布局如图 3-17 所示。

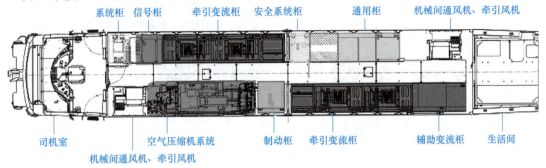

图 3-17　机械间布局

（三）司机室

每个司机室装有操纵台、司机座椅、添乘座椅、照明设备、空调装置等，操纵台主要安装有两块机车状态显示屏 DDU、一块 LOCOTROL 系统显示屏、一块 LKJ2000 监控显示屏、CIR 电台及送话器及空调控制装置等。司机驾驶时，通过各种控制装置对机车进行操纵。司机操纵台布置如图 3-18 所示。

图 3-18　司机操纵台布置

（四）车顶高压电气设备

每节机车装备一个受电弓、一个高压电压互感器、一个主断路器（包括一个接地开关、一个避雷器和一个滤波器）、一个高压隔离开关、一个高压连接器、车顶穿墙套管，如图 3-19 所示。

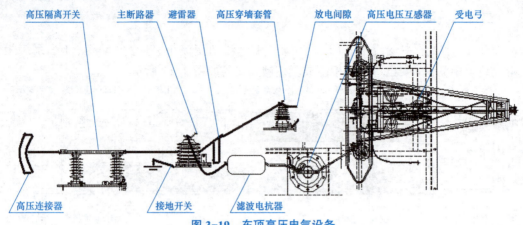

高压隔离开关　主断路器　避雷器　高压穿墙套管　放电间隙　高压电压互感器　受电弓

高压连接器　　　接地开关　滤波电抗器

图 3-19　车顶高压电气设备

任务实施

任务工单

任务场景	校内实训室		指导教师	
班级			组长	
组员姓名				
任务要求	1. 任务名称：认识 HXD2 型电力机车。 2. 任务目的：了解 HXD2 型电力机车，学会利用资源，提高资源整合能力。 3. 演练任务：请同学们讲述 HXD2 型电力机车的技术参数和结构参数，分析 HXD2 型电力机车的设备整体布局			
任务分组	在这个任务中，采用分组实施的方式，4～8 人为一组，通过学生自荐或推荐的方式选出组长，负责本团队的组织协调工作，带头示范、督促、帮助其他组员完成相应工作			
任务步骤	1. 识别 HXD2 型电力机车的技术参数，了解 HXD2 型电力机车的用途和使用环境。 2. 分析 HXD2 型电力机车的结构参数，分别对底架、侧墙、后端墙、车顶盖、车钩和缓冲器、司机室钢结构进行介绍，阐明各结构的优点。 3. 分析 HXD2 型电力机车的设备整体布局，讲述机械间、司机室和车顶的设备整体布局，阐明车体布局的优势所在。 4. 综合 HXD2 型电力机车的优点，有针对性地进行讲解			

续表

任务反思	请写出你掌握的新知识点，并完成本次任务中的自我评价

任务评价

序号	评价项目	评价内容	分值	自评30%	互评30%	师评40%	合计
1	职业素养	具有团队合作能力，交流沟通能力，互相协作、分享能力	10				
		主动性强，能保质保量地完成工作页相关任务	10				
		具有精益求精的工匠精神	10				
		能采取多样化手段收集信息、解决问题	10				
2	专业能力	报告的内容全面、完整、丰富	10				
		熟悉 HXD2 型电力机车的技术参数	10				
		了解 HXD2 型电力机车的用途和使用环境	10				
		掌握 HXD2 型电力机车的结构参数	10				
		熟悉 HXD2 型电力机车的设备整体布局	10				
		语言表达准确、严谨，逻辑清晰，结构完整	10				

任务测评

一、单选题

1. HXD2 型电力机车电气传动系统采用（   ）流电传动方式。

  A. 交—直   B. 交—直—交

  C. 直—交   D. 直—交—直

2. HXD2 型电力机车司机室后墙采用（   ）的焊接框架结构，内侧为多孔钢板，外侧为钢板焊接，中间为防寒隔声材料，包括一个通往设备间的门。

  A. 独立   B. 固定   C. 复式   D. 全钢

3．HXD2 型电力机车车顶盖是用螺栓和螺母从（　　）安装紧固，用热胶合的方法制作的空心橡胶密封件，确保车体的防水性能，拆装方便。

  A．中间   B．两边   C．外侧   D．内侧

二、简答题

1．描述 HXD2 型电力机车的用途，在什么环境下使用。

2．简述 HXD2 型电力机车车体结构。

3．HXD2 型电力机车机械间设备如何布置？

拓展阅读

拓展阅读

任务四 了解 HXD3 型电力机车设备

知识目标

1. 了解 HXD3 型电力机车。
2. 能够识别 HXD3 型电力机车的基本参数。

技能目标

1. 掌握 HXD3 型电力机车的结构。
2. 熟悉 HXD3 型电力机车的设备整体布置。

素养目标

1. 具备良好的职业道德。
2. 具备良好的团队沟通协调能力。
3. 学习传承劳动精神。

任务描述

HXD3 型电力机车是为满足中国铁路需要而研发的大功率交流传动重载干线货运六轴电力机车，采用交—直—交流电传动，持续功率为 7 200 kW，最高运行速度为 120 km/h。你还知道哪些关于 HXD3 型电力机车的优点呢？请查阅资料，制作 PPT，上台讲解。

相关知识

序号	内容	讲解视频
1	HXD3 型电力机车 CCBII 型电空制动系统试验程序	

一、HXD3 型电力机车简介

HXD3 型电力机车是用于干线牵引的货运电力机车，其最高运行速度为 120 km/h。HXD3 型电力机车采用大功率 IGBT 水冷变流器，单轴控制技术，框架式承载车体，设备布置采用中央走廊设备布置方式，高压电器布置在机械间内部的高压柜内，并充分考虑了使用中的自然环境条件，提高了机车的防寒性能。该机车是目前世界上单机功率最大、技术水平高、性能指标先进的交流传动电力机车。

HXD3 型电力机车轴式为 Co-Co，电传动系统为交—直—交传动，采用 3 组 IGBT 水冷变流器，1 632 kW 大转矩异步牵引电动机，具有启动（持续）牵引力大、恒功率速度范围宽、黏着性能好、功率因数高等特点。每组牵引变流器内集成一台由中间直流回路供电的辅助变流器，分别提供 2 组 VVVF 和 1 组 CVCF 三相辅助电源，对辅助机组进行分类供电，该系统冗余性强，在机车通过分相区时辅助系统可以维持供电。

HXD3 型电力机车采用分布式微机网络控制系统，实现了逻辑控制、自诊断功能，而且实现了机车的网络重联功能。机械间内设有高压柜，真空主断路器、接地开关、高压隔离开关、避雷器、高压电压互感器、高压电流传感器等集成在高压柜内，极大地降低了雾、雪、粉尘等条件下的高压设备的故障率，提高了机车的可靠性。车体采用整体承载的框架式焊接结构，有利于提高车体的强度和刚度。转向架采用滚动抱轴承半悬挂结构，二系采用高圆螺旋弹簧，低位斜牵引杆技术，小齿轮双端支撑驱动装置。采用下悬式一体化多绕组牵引主变压器，内部集成三台谐振电抗器，冷却方式为强迫导向油循环风冷。机车顶盖设有密闭风腔，冷却风源从风腔进入车内，保证了风源的清洁性，提高了冷却风机的寿命。每个转向架的 3 台牵引电动机由一台通风机冷却。主变流器水冷和主变压器油冷采用水、油复合式冷却塔，另外还设置了车体通风机来保证机械间的微正压通风，采用了集成化气路的空气制动系统，具有空电制动功能。机械制动采用轮盘制动。采用预布线、预布管技术，车内中间走廊的下层排列制动管路，中间层和上层排列动力电缆，控制导线及光缆排布在侧墙的线槽内，降低电磁干扰，提高控制系统可靠性。

二、机车技术参数

（一）用途及使用环境

1. 用途

HXD3 型动力机车作为铁路干线牵引货运列车，当牵引质量为 5 000 t 时，在平直道的最高运营速度为 120 km/h。

2. 使用环境条件

机车在下列条件下，应能按机车额定功率正常工作。

（1）海拔不超过 2 500 m。在海拔高于 1 200 m、环境温度接近 +40 ℃时，连续在额定功率状态下运行有可能出现功率限制。

（2）环境温度（遮阴处）为 –40 ～ –25 ℃。

机车基础结构按照 –40 ℃运用环境设计，并预留加强防寒设备安装接口和布线空间。机车能够在 –40 ℃环境下存放，加强防寒后能够在 –40 ℃环境下正常运用，但是在运用前需要预热。

机车在没有外部电源的情况下在 –40 ℃环境里存放时，允许使用蓄电池进行短时间预热。可用直流和交流两种方式进行预热。

（3）最大相对湿度（该月月平均最低温度不低于 25 ℃）：95%。

（4）环境条件：能承受风、沙、雨、雪、雾、煤尘和偶发的沙尘暴。

（二）车体主要技术参数

车体宽度：2 950 mm。

车体总长（两端面间距离）：21 565 mm。

车体总长（车钩衔接线间距离）：22 781 mm。

车体总长（两司机室端面距离）：21 985 mm。

车钩中心线距轨面高度：（880±10）mm。

车体顶盖距轨面高度：4 250 mm。

前后旁承座中心距离：13 280 mm。

排障器距轨面高度：（110±10）mm。

讨论题 1： HXD3 型电力机车参数与 HXD1 型、HXD2 型电力机车参数有什么区别？

三、HXD3 型电力机车结构

车体采用整体承载的框架式焊接结构。车体由底架、侧墙、顶盖、两端司机室、司机隔墙等组成一个整体。车体底架主梁采用三纵六横结构，三纵包括左、右侧梁和中梁，六横包括前后端梁、前后旁承梁、前后牵引梁。机车顶盖部分包括三个独立的活动顶盖和两个活动梁。顶盖可以拆卸以便装卸设备间内部设备，顶盖互相隔离形成独立的风腔，供内部设备通风冷却用。

HXD3 型电力机车车体是为满足铁路运输日益增长的需要而研制开发的大功率交流传动、轴功率 1 600 kW、最高运行速度 120 km/h 的 6 轴重载货运机车车体。该车体采用双司机室内走廊框架承载结构，车体采用钢结构，由司机室、侧墙和底架组成。机车车体上部分分成三部分，两端为司机室，中间为机械间，机械间与司机室之间具有可拆卸的司机室后墙。车体顶盖由三个独立的顶盖组成。车体钢结构设计目标是满足铁路运输车辆连续运行 30 年。车体的整体结构如图 3-20、图 3-21 所示。

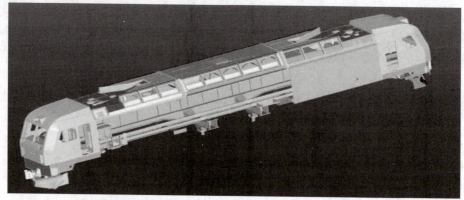

图 3-20　HXD3 型电力机车车体结构立体图

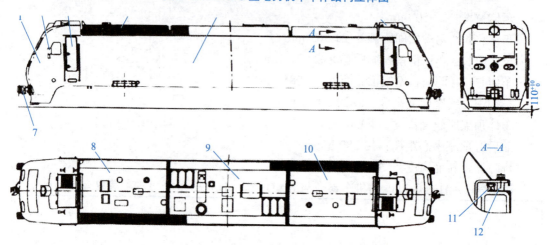

图 3-21　HXD3 型电力机车车体总图

1—司机室装配；2—后视镜；3—司机室入口门；4—牵引通风进风口百叶窗；5—侧墙；
6—空调；7—车钩；8 ~ 10—顶盖；11—顶盖密封胶条；12—顶盖安装螺座

1. 司机室

司机室钢结构的所有板梁厚度均为 8 mm，司机室内部采用铝板装修。前窗玻璃为一块柱面玻璃，直接黏结于司机室的风挡玻璃框上。侧窗采用提拉式结构。司机室各墙、顶棚、地板都添加防寒隔声材料。司机室门采用气密封整体门，即门和门框是一个整体，门框直接安装到司机室门洞口钢结构上。门采用铝蜂窝材料，门框采用铝合金材料，门和门框之间有一层充气密封条。根据司机室小流线外形特点，钢结构采用传统的板、梁组合结构，如图 3-22 所示。

图 3-22　司机室立体图

2. 底架

底架由端部牵引梁、边梁、中间梁、变压器梁等组成。底架是机车主要承载部件，它不但承受车体本身的质量和车内所有设备的质量，同时还传递牵引力和制动力以及复杂的动应力。HXD3 型电力机车车体底架主要分端梁、旁承梁、中梁（变压器梁）、边梁等。其中端梁安装有牵引缓冲装置用以牵引，中梁下面吊挂着主变压器，旁承梁则通过旁承座连接转向架支撑整个车体。对于重载机车，底架钢结构的强度和刚性尤其重要，底架装配结构如图 3-23 所示。

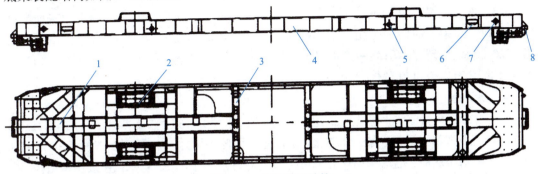

图 3-23 底架装配结构

1—端梁；2—旁承梁；3—中梁；4—边梁；5—吊车筒；6—脚蹬；7—救援吊座；8—冲击座

3. 端部牵引梁

端部牵引梁设计成可以装配车钩、大容量胶泥缓冲器及压溃装置的具有很大刚性的框架结构，用来传递牵引力和压缩力，并保证在一定受力范围内不发生塑性变形。底架前后端梁直接传递机车的纵向牵引力及纵向冲击载荷，其下部结构为车钩箱，用于安装车钩及缓冲装置。车钩箱与端部牵引梁上、下盖板及前、后端板等主要板件组焊成较为复杂的箱形体。端梁结构如图 3-24 所示。

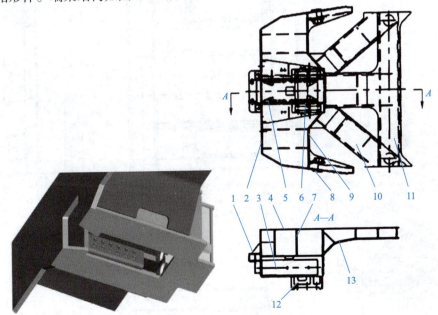

图 3-24 端梁结构

1—冲击座；2—前端板；3—车钩箱；4—上盖板；5—前从板座；6—后从板座；7—隔板；8—救援吊座；
9—后端板；10—八字形箱形斜撑；11—横梁；12—牵引拉杆座；13—过渡加强板

八字形箱形斜撑与侧边梁和端部横梁连接，将力传到边梁上，很好地将牵引及冲击载荷分散到侧边梁处，前、后端牵引梁两侧与底架边梁相连接。由于该车采用低位牵引，牵引拉杆座位于端部下方，因而后端板与端部中梁之间落差较大，极易造成应力集中。为改善连接结构处的受力状况，在此位置加一带圆滑过渡连接加强板的中梁，如图 3-24 中件 13，使受力结构件组成的横截面平缓过渡，很好地消除应力集中，将牵引载荷顺利地过渡到中间梁进而传到两侧边梁。端部上、下盖板的厚度为 16 mm，前、后端板厚度均为 20 mm。在端部牵引梁两侧边梁上安装有救援吊座，座位单头起吊吊销孔，图 3-24 中件 8 采用 ZG230-450 整体铸造。

4. 旁承座

旁承梁（二系簧座梁）通过二系簧座与转向架二系弹簧连接，主要承受机车的垂向载荷，纵向连接着端部牵引梁与中梁，横向箱形梁跨连着两侧边梁，使整个底架大的网络框架有机组合起来，对于从前、后端牵引梁和侧梁传递过来的力进行分散。旁承梁主要由两组横梁加盆形中梁以及旁承梁组成，横梁是箱形结构的，上盖板和腹板的厚度是 16 mm，下盖板的厚度是 20 mm，高度是 210 mm，材质都是 Q345B。图 3-30 中件 2 旁承座为转向架支撑车体的支点，对强度和刚性有很高的要求，采用 ZG230-450 铸造，组焊后整体加工。旁承座四周为压型弯梁，连接旁承座及横梁和侧边梁，组成网格结构。旁承座如图 3-25 所示。

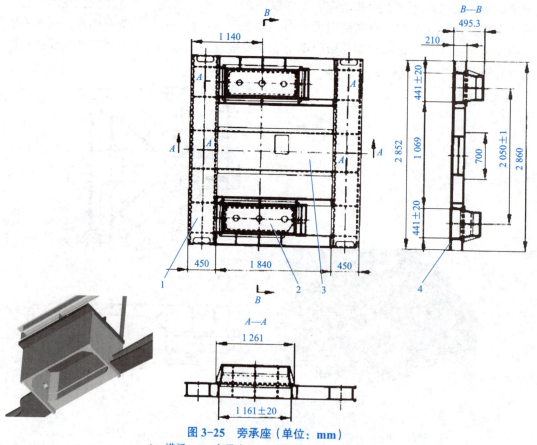

图 3-25 旁承座（单位：mm）
1—横梁；2—旁承座；3—盆形中梁；4—侧边梁

5. 变压器梁

中梁，也叫变压器梁，是由两根横梁加侧边梁组成的。中梁主要承载变压器的垂向载荷及其产生的惯性力。HXD3 型电力机车采用吊挂式安装变压器，主要由两组相同的变压器横向安装梁组成，两端与底架侧梁连接，变压器通过安装螺栓穿过吊挂孔，吊挂在变压器梁下方。横梁是箱形结构，为增加刚度和强度，中间均布有立板，上下盖板的厚度是 20 mm，腹板的厚度是 16 mm，材质是 Q345B。横梁下侧有 3 块开 4 个吊孔的安装座板，横梁侧腹板开有 4 个方便安装的工艺孔。中梁如图 3-26 所示。

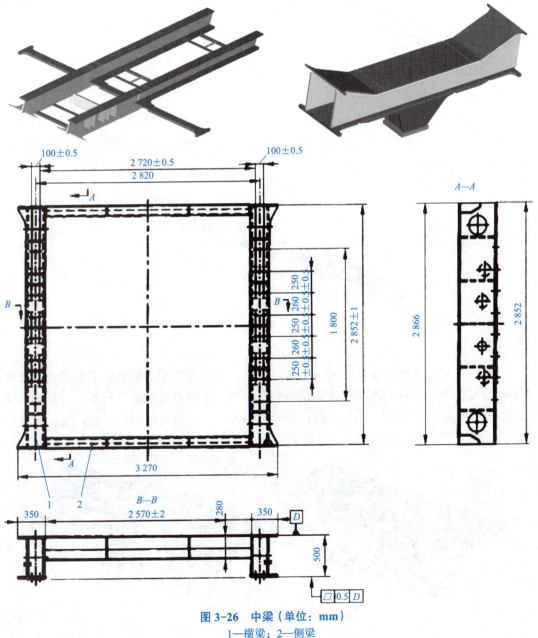

图 3-26　中梁（单位：mm）
1—横梁；2—侧梁

6. 边梁

边梁采用狭长的箱形结构，由压型槽钢与厚 16 mm 的外板组焊而成。侧墙就固定在边梁上面，箱形梁内部布置有加强筋板，边梁结构如图 3-27 所示。

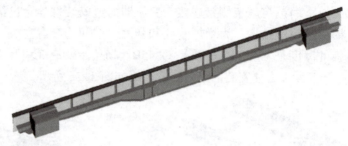

图 3-27　边梁

7. 侧墙

侧墙承担了大部分的垂直载荷，侧墙立柱都与底架边梁相连。为了将底架的力有效地传递到蒙皮，使整个蒙皮能均匀地承受载荷，配置了由立柱和横梁组成的骨架网格，网格梁全部采用 120 mm×80 mm×8 mm 的方管。图 3-28 所示为侧墙结构。

图 3-28　侧墙

8. 顶盖

HXD3 型电力机车有 3 个可拆卸的活动顶盖，分别为 I 端侧顶盖、中央顶盖、II 端侧顶盖。虽然顶盖不作为车体整体的承载部分，但其上面有车顶电气设备，对提高车体的自振频率有很大的作用，因此结构设计也要考虑使它具有足够的强度和刚度。为能够通过车内梯子到达车顶作业，设有活动天窗，如图 3-29 所示。

图 3-29　顶盖

　　机车顶盖部分包括三个独立的活动顶盖和两个活动梁。活动顶盖可以拆卸以便提供装卸机械间设备的最大宽度，并具有通风作用，每个活动顶盖都是一个独立的风箱。活动梁用于相邻顶盖的连接和密封，并可以紧固在两侧侧墙上和拆卸下来以方便装卸机械间设备。Ⅰ端侧顶盖安装受电弓等高压设备，Ⅱ端侧顶盖设置人孔盖，以方便检修人员登车。

　　讨论题 2： 对于 HXD3 型电力机车车体结构，你还有哪些了解呢？

四、HXD3 型电力机车设备布置

　　机车设备采用模块化的结构。机车两端各设有一个司机室，两个司机室的中间为机械室。机械室内设备沿车内中间走廊两侧平行布置，采用导轨安装方式固定，中间走廊宽度为 600 mm。车内设备布置以平面斜对称布置为主，设备成套安装，有利于机车的重量分配、机车的制造、检修和部件的互换。机车装用 3 组由大功率水冷 IGBT 元件组成的牵引变流器，采用轴控技术，在每组牵引变流器内集成一台由中间直流回路供电的辅助逆变器，采用先进的分布式微机网络控制系统。机车采用了车内高压柜设计方案，将除受电弓及支持绝缘子、避雷器外的其他高压电器全部集中布置在车内，极大提高了机车的可靠性。

　　机车装用 2 台 3 轴低位牵引转向架，能够有效减小机车的轴重转移，提高机车的黏着利用率。车体中部悬挂 JQFP-11600/25 型一体化多绕组牵引主变压器，内部集成 3 台谐振电抗器，冷却方式为强迫导向油循环风冷。机车采用独立通风冷却技术和由微机控制的先进的 CCB Ⅱ 空气制动系统。机车设备布置如图 3-30 所示。

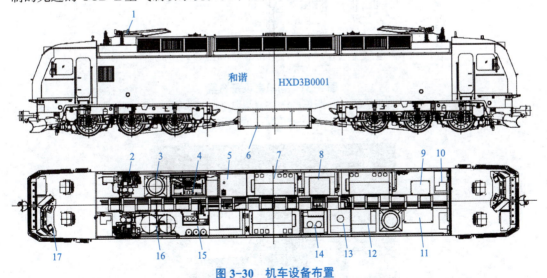

图 3-30　机车设备布置

1—受电弓；2—空压机组；3—牵引电动机通风机；4—高压电器柜；5—低压电源柜；
6—主变压器；7—变流器；8—冷却塔；9—TCMS 柜；10—空调机组；11—行车安全柜；
12—控制电器柜；13—卫生间；14—辅助滤波柜；15—制动柜；16—总风缸；17—操纵台

1. 司机室设备布置

司机室的结构和设备布置参照规范化司机室要求、考虑人机工程进行优化设计。司机室内设有操纵台、司机座椅、八灯显示器、紧急放风阀、灭火器、暖风机等设备。司机室顶部设有风扇、头灯、司机室照明灯、阅读灯等设备；司机室前窗采用电加热玻璃，窗外设有电动刮雨器，窗内设有电动遮阳帘；侧窗外设有机车后视镜，内部设有手动遮阳帘；在操纵台上设有微机显示屏、监控显示屏、压力组合模块、速度表、网压/控制电压表、牵引力/制动力表、司机控制器、制动控制器、扳键开关组、冰箱（微波炉）、脚炉、膝炉及各种控制开关和按钮等设备。司机室设备布置如图3-31、图3-32所示。

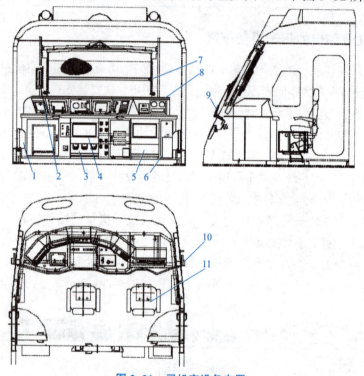

图 3-31　司机室设备布置

1—壁炉；2—八灯显示器；3—脚炉；4—主台膝炉；5—副台脚炉；6—刮雨器水箱；
7—遮阳帘；8—操纵台；9—刮雨器；10—后视镜；11—司机室座椅

图 3-32　HXD3型电力机车司机室设备布置

2. 机械间设备布置

机械间内设备从左上起，顺时针方向依次是空压机组 1、牵引通风机 1、高压电器柜、低压电源柜、变流器 1、冷却塔 1、变流器 3、TCMS 柜、空调 2、行车安全柜、牵引通风机 2、控制电器柜、卫生间、辅助滤波柜、变流器 2、冷却塔 2、制动柜、总风缸、空压机组 2、空调 1。空调具有制冷、制热、空气过滤和向司机室补充新鲜空气的作用，具有独立风道。Ⅰ、Ⅱ 端空调结构相同，Ⅰ、Ⅱ 空压机都采用 SL20-5-65 型螺杆式空气压缩机，集成安装 LTZ2.2-H 型双塔式干燥器，共用一个安装座。Ⅰ 空压机有独立通风道，将散热空气直接排到车外，Ⅰ 空压机散热空气直接排到设备间内部。总风缸容量为 2×800 L，通过支架安装在侧墙上。冷却塔用来给机车主变压器和主变流柜散热，其中 Ⅰ 冷却塔组成包括 2 个水散热器、1 个油散热器、1 个通风机及柜体，负责冷却 Ⅰ、Ⅲ 变流器，以及主变压器的一半热量；Ⅱ 冷却塔组成包括 1 个水散热器、1 个油散热器、1 个通风机、1 个变压器储油柜及柜体，负责冷却 Ⅱ 变流器，以及主变压器的一半热量。另外机械间内还配有安全接地棒、复轨器、工具箱等。

讨论题 3：HXD3 型电力机车与 HXD2 型电力机车的机械间设备布置有什么区别呢？

3. 车顶设备布置

机车顶盖由 3 个顶盖组成，顶盖 1、顶盖 2 上布置有受电弓、车顶避雷器及高压电缆、车顶高压套管。在中央顶盖上设有检修用天窗，由此上车顶进行检修和维修作业。为确保安全，天窗设置钥匙联锁装置，车顶设备布置如图 3-33 所示。

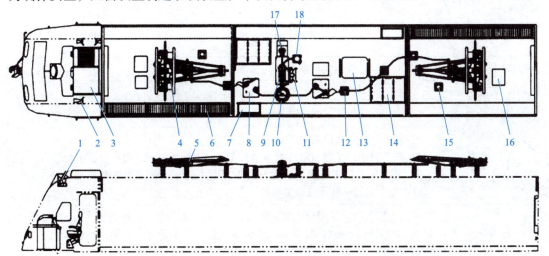

图 3-33　车顶设备布置

1—前照灯；2—风笛；3—空调；4—受电弓；5—绝缘子；6—牵引风道过滤器；
7—辅助变流器风道过滤器；8—高压隔离开关；9—真空断路器；10—高压电压互感器；
11—接地开关；12—支持绝缘子；13—车顶天窗；14—复合冷却器通风过滤器；
15—绝缘子；16—车顶通风口；17—高压电缆；18—避雷器

4. 车下设备

主变压器悬挂在机车中部，以变压器为中心对称布置了 2 台转向架，在转向架上配置有牵引电动机等设备。另外，在车下还配置了 AC380 V 库用插座、DC110 V 库用插座、行灯插座、机车电子标签、过分相装置感应器、速度传感器等设备。车下与车端设备布置如图 3-34 所示。

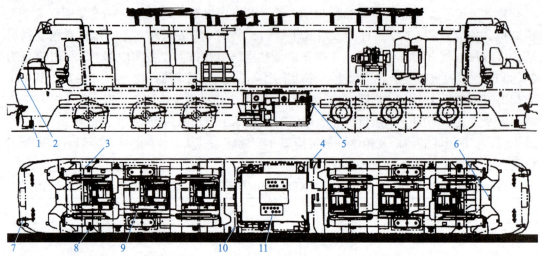

图 3-34　车下与车端设备布置

1—信号互感器；2—标志灯；3—速度传感器；4—110 V 充电插座；5—电子标签；
6—车底灯；7—重联插座；8—接地装置；9—转向架；10—动车插座；11—主变压器

 **任务实施**

任务工单

任务场景	校内实训室	指导教师	
班级		组长	
组员姓名			
任务要求	1. 任务名称：认识 HXD3 型电力机车 2. 任务目的：了解 HXD3 型电力机车，学会利用资源，提高资源整合能力。 3. 演练任务：请同学们讲述 HXD3 型电力机车的技术参数和机构参数，分析 HXD3 型电力机车的设备整体布局		
任务分组	在这个任务中，采用分组实施的方式，4～8 人为一组，通过学生自荐或推荐的方式选出组长，负责本团队的组织协调工作，带头示范、督促，帮助其他组员完成相应工作		
任务步骤	1. 识别 HXD3 型电力机车的技术参数，了解 HXD3 型电力机车的用途和使用环境。		

续表

任务步骤	2. 分析 HXD3 型电力机车的结构参数，分别对底架、司机室、端部牵引梁、旁承座、变压器梁、边梁、侧墙、顶盖进行介绍，阐明各结构的优点。 3. 分析 HXD3 型电力机车的设备整体布局，讲述机械间、司机室、车顶设备和车下设备的整体布局，阐明车体布局的优势所在。 4. 综合 HXD3 型电力机车的优点，有针对性地进行讲解
任务反思	请写出你掌握的新知识点，并完成本次任务中的自我评价

任务评价

序号	评价项目	评价内容	分值	自评 30%	互评 30%	师评 40%	合计
1	职业素养	具有团队合作能力，交流沟通能力，互相协作、分享能力	10				
		主动性强，能保质保量地完成工作页相关任务	10				
		具有精益求精的工匠精神	10				
		能采取多样化手段收集信息、解决问题	10				
2	专业能力	报告的内容全面、完整、丰富	10				
		熟悉 HXD3 型电力机车的技术参数	10				
		了解 HXD3 型电力机车的用途和使用环境	10				
		掌握 HXD3 型电力机车的结构参数	10				
		熟悉 HXD3 型电力机车的设备整体布局	10				
		语言表达准确、严谨，逻辑清晰，结构完整	10				

任务测评

一、单选题

1. HXD3 型电力机车是用于干线牵引的货运电力机车，其最高运行速度为（　　）km/h。

 A. 80   B. 20   C. 160   D. 200

2. HXD3 型电力机车车体是为满足铁路运输日益增长的需要而研制开发的大功率交流传动、轴功率（　　）kW 的货运机车车体。

 A. 1 200   B. 1 600   C. 2 000   D. 2 400

3. 司机室钢结构的所有板、梁厚度均为（　　）mm。

 A. 6   B. 7   C. 8   D. 9

二、简答题

1. HXD3 型电力机车的结构优势有哪些？

2. 简述 HXD3 型电力机车车体结构。

3. HXD3 型电力机车司机室设备如何布置？

拓展阅读

拓展阅读

任务五　车辆车体结构解析

知识目标

1. 了解货车车底架的分类。
2. 了解货车车底架的结构组成。

技能目标

1. 掌握常见客货车车辆的结构。
2. 知晓常见客货车车辆主要性能特征。

素养目标

1. 具备良好的职业道德。
2. 具备良好的团队沟通协调能力。
3. 具备科学的精神和态度。

任务描述

趣味竞赛之车型识别：各小组根据所学知识，查阅资料，进行知识抢答，看图识车，看看哪个小组识别得又快又准。

相关知识

序号	内容	讲解视频
1	货车车底架结构	
2	常见客货车车辆的结构	

一、货车车底架

车辆供装载货物或乘坐旅客的部分称为车体，按照制造用的材质可分为钢木混合结构和全钢结构。全钢结构车体有普通碳钢和合金钢两种，在制造工艺上又分为铆接结构和焊接结构，现代车辆车体基本上采用全钢焊接结构。

（一）车辆承载方式

车辆底架及车体结构形式是根据所承担载荷的特点而定的。

1. 底架承载结构

平车和长大货物车，由于结构上只要求具有装货的地板面而不需要车顶，全部载荷由车底架来承担，所以设计为底架承载结构。有部分车辆，如钢骨木制敞车，虽有车顶，但侧墙不能分担载荷，其结构也属于底架承载结构。因中、侧梁要求强度大，为了使受力合理，一般将中、侧梁制成鱼腹形梁（变截面等强度梁），如图3-35所示。

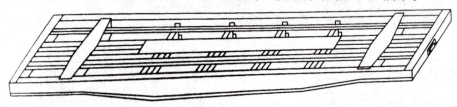

图3-35　鱼腹形车底架

2. 侧壁承载结构

有一部分敞车、棚车，其侧墙与车底架牢固地结合在一起，它具有足够的强度和刚度，能为车底架分担载荷，其结构就属于侧壁承载（又称侧墙和车底架共同承载）结构。由于这种结构的侧墙能承载，因此车底架中、侧梁断面可大为减小，不需制成鱼腹形梁，而且侧梁的断面尺寸可比中梁小很多。

3. 整体承载结构

如果将侧墙车底架共同承载结构的侧墙，再和金属车顶牢固地结合在一起，使车底架、侧端墙和车顶组成一体，成为箱形结构，则车体各部分都能承受载荷，这就是整体承载结构。由于整体承载结构的车体具有很大的强度和刚度，所以其车底架结构可以更为轻巧，甚至可制成无中梁车底架。采用整体承载结构的车辆有新型货车、全部客车和罐车等。

（二）货车车底架的一般结构

底架是车体的基础，安装有牵引缓冲装置、制动装置，底架上部装有侧墙、端墙以及顶棚等设备。底架承受着作用于车辆上的一切垂直方向载荷和纵向作用力，因此，底架要有足够的强度和刚度。

货车车底架由中梁、侧梁、枕梁、端梁、大横梁、小横梁及地板托梁等组成，其一般结构如图3-36所示。

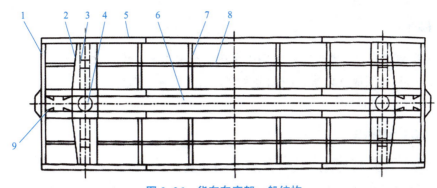

图 3-36　货车车底架一般结构
1—端梁；2—枕梁；3—上旁承；4—上心盘；5—侧梁；
6—中梁；7—大横梁；8—地板托梁；9—从板座

1. 中梁

中梁在底架中部，贯通全车，它是底架的主梁和其他各梁的支承，因此，它是底架各梁中最主要的受力构件。有的车底架中梁只通到两枕梁，这种中梁称为非贯通式中梁。中梁由两根槽钢或工字钢、乙字型钢加上下盖板组成。在分析事故时，中梁按 2 根计算。在中梁的两端铆有前、后从板座，以便安装牵引缓冲装置。中梁两端安装牵引缓冲装置的部分称为中梁的牵引部分，分析事故时按中梁计算。非贯通式中梁的车底架以及无中梁的车辆（部分罐车、水泥车），其安装牵引缓冲装置的部分称为牵引梁。

2. 侧梁

侧梁又称边梁，位于底架两侧，与枕梁及各横梁连接，是底架的重要构件之一，除用以直接安装侧墙和承受部分垂直载荷外，还要承受侧向作用力（如向心力、侧向压力等）。侧梁一般采用槽钢制成，槽口向内，便于和车底架各横向梁连接，其外侧又可方便地铆装侧门搭扣座、脚蹬、柱插和绳栓等附件。

3. 枕梁

枕梁承受垂直载荷，它将车底架承受的载荷通过心盘传给转向架的横向梁。两根枕梁设在两端梁的内侧，由于受力较大，一般用钢板制成变截面等强度 Ⅱ 型结构（鱼腹形）。在枕梁下部中央设上心盘，在转向架中央设置下心盘。上心盘嵌入下心盘，车体及车底架便支承在转向架上。这样，既能把车底架承受的载荷通过上、下心盘传给转向架，也有利于车辆转向。在枕梁下部两端，各设一个上旁承，和转向架上的下旁承相对。

4. 端梁

车底架两端的横向梁称为端梁，它与中、侧梁连接，其上安装端墙。端梁中部开有钩口，钩口外面铆有冲击座，以承受车钩钩头的冲击，保护端梁。在端梁的外部焊有车钩提杆座，以便安装车钩提杆。在一位端梁外部焊有手制动轴托，以便安装手制动机。

5. 大、小横梁

大横梁设在两枕梁之间，一般货车有 2～4 根大横梁。它承受部分载荷，并将载荷传给中梁。小横梁的作用与大横梁相同。大横梁采用变截面等强度 I 型结构，小横梁采用等截面结构。

二、棚车

棚车又称篷车，是铁路货车中的通用车辆，约占货车总数的20%。

中华人民共和国成立以来，我国棚车在品种、质量、数量上都有了很大的发展，几种吨位较小的棚车已被淘汰。

（一）P61型棚车

P61型棚车自重24 t，载重60 t，容积为120 m³。

为了适应货物装卸作业机械化的要求，P61型棚车在P60型棚车的基础上改进设计制造，采用全钢电焊结构。该车车门宽3 000 mm，为两扇对拉式车门，车门下部滑轮及带钩的滑轮架在焊于底架上的角钢轨道上滑动；地板为花纹钢地板，既可防止制动时轮瓦摩擦产生的火星引起火灾，又加强了地板的强度，但限制了运输物品的种类，不能用于运送人员、军用物资、牲畜等。

（二）P62型棚车

P62型棚车是在P61型棚车的基础上设计制造的，载重60 t，自重24 t，容积120 m³，采用全钢焊接整体结构，如图3-37所示。

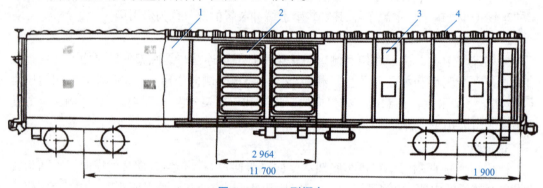

图3-37　P62型棚车
1—侧墙门板；2—对拉门；3—通风口罩；4—车顶

车内不设端、侧墙木板，钢质地板，车门宽2 964 mm，两扇对拉门。车窗改为百叶窗式的通风口，另加通风口罩结构，既能通风，又可防盗。提高了地板面高度，使之与货物站台相适应，以利于在标准货物站台上进行机械化装卸作业。中梁采用刀把梁结构。该车结构可靠，便于作业和维修，但不适于运送人员、牲畜及军用物资。

为了提高车辆的耐腐蚀性能，延长棚车的检修周期，减少厂、段修的检修工作量，在P62型棚车的基础上改进设计生产了P62N型棚车。P62N型棚车车体结构与P62型棚车基本相同，只是车底架及车体各主要梁及各墙板均采用耐候钢制作，提高了车辆的耐腐性能。

（三）P64 型棚车

为适应铁路运输事业的发展，我国于 1992 年开始生产 P64 型棚车。P64 型棚车载重 58 t，自重 25.4 t，容积为 116 m³。

P64 型棚车是一种具有内衬结构的棚车，是在 P62N 型棚车的基础上设计的，其主要结构、外观造型与 P62N 型棚车相同。车体所采用的钢均为耐候钢，并进行抛丸预处理。内衬及地板采用竹材板，车顶木结构采用厚 3 mm 编织竹胶板内衬板，端、侧木结构内衬板采用厚 2 mm 竹材层压板，每侧侧墙设 4 扇下翻式内、外窗，车底架木结均采用厚 30 mm 的竹材层压板地板。

此外，在车顶中央设烟囱口及烟囱口盖等，必要时可运送人员及军用物资。

（四）P65s 型行包快运棚车

铁路行包快运专列的开行，开辟了铁路运输行车组织的新途径，为满足用户需要、提高铁路运输经济效益发挥了重要作用。2000 年，为改善押运人员的乘车条件，在 P65 型棚车的基础上，研究人员完成了 P65s 型行包快运棚车的研制。

1. P65s 型行包快运棚车的组成

P65s 型行包快运棚车整体结构类似 P65 型棚车，由车体、制动装置、牵引缓冲装置等组成。内部分为装货间和押运间两个部分，装货间用来装运行包等货物，押运间供押运人员使用。P65s 型行包快运棚车如图 3-38 所示。

图 3-38　P65s 型行包快运棚车

2. P65s 型行包快运棚车的主要性能及特征

P65s 型棚车是在 P65 型棚车的基础上加装了押运间，减少了一些载重和容积。其采用转 K2 型转向架。车体采用全钢焊接整体承载结构，由底架、侧墙、端墙、车顶、车门、车窗等部件组成。车门上装有新型门锁，这种门锁安全可靠，防盗性能好，而且不易损坏。该车门可以与现有的 P64A 型及 P65 型棚车的车门互换。

车体内设间壁墙，将车体分成装货间和押运间两部分。押运间在车体的二位端，设有1张单人床铺，可供押运人员休息。在一位侧上装有供押运人员休息用的活动椅，无人休息时作为端侧备水箱及灭火器支撑。

3. P65s 型行包快运棚车在运输中的作用

P65s 型行包快运棚车运输方便，作为行包快运专列的配套产品不仅减少了货物运输途中的损失，而且改善了押运人员的作业环境。运营显示，车辆动态性能良好，但该车自重系数为 0.67，明显偏大，削弱了车辆的装载能力，在北方冬季运营时，还需要完善押运间的取暖保温设备。

（五）活顶棚车

1. 活顶棚车的组成

活顶棚车由车体、制动装置、牵引缓冲装置和转向架等部件组成。车体由底架、侧墙、端墙、车门、活动车顶、活顶开闭机构等组成，活顶棚车如图 3-39 所示。

图 3-39　活顶棚车

活顶棚车车顶由活动车顶及固定车顶组成，其组成内容为活顶开闭机构、端墙组成、侧墙组成、底架组成、车门组成、车钩组成、转向架。

2. 活顶棚车的主要性能及特征

活顶棚车用于装运各种免受日晒、雨雪侵袭的箱装或袋装货物，特别适用于需要通过车顶装卸货物的运输。

讨论题 1：你还知道哪些常见的棚车型号？

三、敞车

敞车是铁路运输中的主型车辆，在我国目前的货车总数中，敞车数量最多，占货车总数的 60% 左右。载重量大多数在 60 t 及以上。

下面介绍几种常见敞车的情况。

（一）C62A 型及 C62B 型敞车

C62A 型敞车是在 C62M 型敞车的基础上研制的，将端墙、侧墙和车门改为全钢结构，载重 60 t，自重 21.7 t。

C62A 型敞车的中梁采用乙字型钢结构，侧墙用平侧板加焊人字形斜撑，以稳定上侧板并支承上侧梁，端墙采用平端板加焊三根补强横带，车体板材采用耐腐蚀的低合金钢。

C62B［C62A（N）］型敞车是在 C62A 型敞车的基础上，将原为碳素钢的车体结构改用了低合金耐候钢，其主要结构与 C62A 型敞车基本相同，载重 60 t，自重 22.3 t。

（二）C64 型敞车

C64 型敞车是在 C62B 型敞车的基础上研制而成的，是取代 C62B 型敞车的升级换代产品，其主要结构与 C62B 型敞车类似，载重 61 t，自重 22.5 t。

C64 型敞车车体采用耐候钢全钢焊接结构，对侧墙和端墙做了较大的改进和加强。在车底架上部铺设钢地板，侧墙采用板柱式侧壁承载结构，由上侧梁、侧柱、侧板、斜撑、连铁、内补强座和侧柱补强板组焊而成，端墙由上端梁、角柱、横带、短端柱及端板组焊而成，全车有 12 扇下侧门及 2 对对开式中侧门。其车体结构如图 3-40 所示。

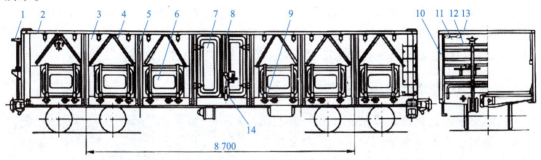

图 3-40　C64 型敞车（单位：mm）

1—手制动机；2—上侧梁；3—侧墙；4—斜撑；5—侧柱；6—下侧门；7—侧门；8—上门锁；
9—下侧门搭扣；10—角柱；11—端墙；12—横带；13—上端梁；14—下门锁

（三）C63 型单元列车敞车

为了解决晋煤外运，我国在大秦线上推广了具有国际先进水平的单元列车铁路运输组织方式，C63 型敞车就是为此而专门设计制造的。该车采用耐候钢的全钢焊接结构，无门，可在特别的翻车机上不摘钩卸车。

C63 型敞车载重 61 t，自重 22.3 t。为适应重载运输提高车辆每延米重的要求，全车长为 11 986 mm。该车一位端装用 F 型转动车钩，二位端装用 F 型固定车钩。制动装置采用美国进口的 ABDW 货车制动系统。

该车中梁采用 310 乙字型钢。侧墙由侧柱、上侧梁、侧板、侧柱内补强板等组成，侧柱在枕梁处为双侧柱，横梁处为单侧柱，侧柱与下侧梁为铆接。1990 年，开始生产 C62A 型运煤专用敞车。C63A 型敞车的结构尺寸与 C63 型敞车基本相同，但采用国产制动装置、国产化 16 号（转动）车钩和 17 号（固定）车钩，每侧增设了两个小侧门，车门门孔 940 mm（高）×780 mm（宽），该车载重 61 t，自重 22.1 t。

（四）C76 型敞车

1. C76 型敞车的组成

C76 型敞车由车体、制动装置、牵引缓冲装置、转向架等部分组成。车体采用全钢单浴盆式无中梁焊接结构，主要由底架、侧墙、端墙、撑杆等部分组成。

2. C76 型敞车的主要性能及特征

C76 型敞车用于运输煤炭，可与翻车机配套使用，实现不摘钩连续卸车。

（五）C76 型加长敞车

1. C76 型加长敞车的组成

C76 型加长敞车由车体、制动装置、牵引缓冲装置、转向架组成。车体采用全钢焊接结构，由底架、侧墙、端墙、车门等部件组成。

2. C76 型加长敞车的主要性能及特征

C76 型加长敞车为 2002 年开始研制的项目，用途与 C64 型敞车相同。与 C64 型敞车相比，其车体内长由 12.5 m 增加到 13 m，提高了车辆集载能力，改进了中立门的锁闭机构，主要零部件尽可能与现有敞车适用互换，载重和容积均有所增加。

（六）C80 型铝合金运煤敞车

C80 型铝合金新型运煤敞车（图 3-41）在我国铁路货车史上首次采用双浴盆铝合金及高分子非金属等新材料和国外流行的双浴盆式车体及拉铆钉铆接结构，通过采用 25 t 轴重转 K6 或转 K5 型转向架提高了车辆的可靠性，采用 E 级钢 16 号转动车钩和 17 号固定车钩，提高了重载列车运输的安全可靠性，具有自重轻、载重大、耐腐蚀等特点。这种货车每辆载重 80 t，但自重与 C63A 型敞车一样，都是 19.9 t。车

图 3-41　C80 型铝合金运煤敞车

辆自重相同，净重提高了 1/4，性能提高了 1/3。由 C80 型敞车组成的载重量为 2 万吨的有效长度，达到了世界铁路重载列车的技术标准。2005 年，中车齐齐哈尔车辆有限公司（齐车公司）新研制的 C80B 型不锈钢和 C80C 型候钢专用运煤敞车又通过部级鉴定。2006 年，C80B 型不锈钢运煤敞车正式在齐车公司投入批量生产，满足晋煤外运的需求。

讨论题 2：棚车和敞车在运送货物上有什么区别？它们的结构又有哪些异同？

四、平车

我国铁路运输中平车约占货车总数的 5%，担负着一定的铁路运输任务。平车可用来装运各种机器、汽车、拖拉机、木材、钢材和桥梁构件等体积较大的货物，还能装载各种军用物资。平车的车体可以只具有底架结构，但有些平车装有可全部翻下的活动墙板，此种平车必要时也可以用来装运矿石、煤炭、砂土和石砟等散粒货物。

因为平车没有固定的侧墙和端墙，作用在平车上的载荷完全由底架的各梁承担，所以一般均采用鱼腹型中梁和侧梁，新造平车的载重量均为 60 t。

（一）N16 型平车

N16 型平车是我国目前平车中数量最多的一种，总数超过了 10 000 辆。该车载重 60 t，自重 18.4 t。N16 型平车设有底架和活动端墙，底架侧梁上装有扎结货物用的绳钩和安装木侧柱用的柱插。活动端墙是全钢的，高 250 mm，运输比底架长的货物或跨装货物时，可将端墙板放在端梁的托架上，从而使底架加长，也有可装运汽车、坦克等的渡板。因无活动侧板，所以 N16 型平车不便装运散粒货物。

（二）N17 型平车

N17 型平车是在 N16 型平车的基础上制造的，心盘距由 9 300 mm 改为 9 000 mm 并在中梁工字钢上加焊了盖板以增加集重能力。N17 型平车增加了木质活动侧墙，扩大了使用范围，其车体结构如图 3-42 所示。

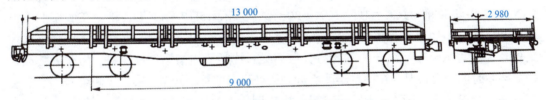

图 3-42　N17 型平车车体结构（单位：mm）

平车活动侧墙的高度应尽可能高些，以便能装运更多的散粒货物，但在装运大件货物时，侧墙板要经常翻下，故侧墙板的最大高度应根据其放下时车辆下部限界尺寸所允许的最低位置来确定。侧墙高度一般为 467 mm。N17 型平车的活动墙板数量较多，两侧共 12 块，两端各 1 块，这使得开闭较方便。

讨论题 3：你见过平车吗？你见到的时候平车上装的是什么？

五、集装箱车

为了发展铁路集装箱运输，二七车辆厂于1986年设计制造了X6A型集装箱车，1993年，该厂又在X6A型集装箱车的基础上设计制造了X6B型集装箱车。X6A型集装箱车结构如图3-43所示。

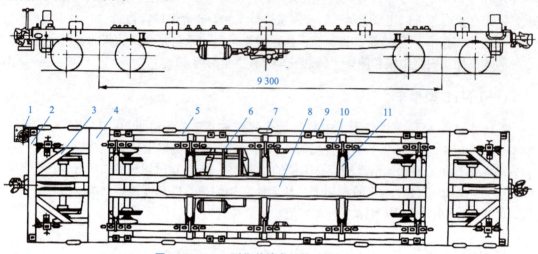

图3-43 X6A型集装箱车结构（单位：mm）
1—手制动机；2—端梁；3—斜撑；4—枕梁；5—侧梁；6—小顺梁；
7—门止挡；8—中梁；9—固定式锁闭装置；10—副转式锁闭装置；11—横梁

X6A型集装箱车以运输TBJ10型10 t集装箱为主，兼顾运输标准规定的1AA、1A、1AX（30 t）集装箱，1CC、1C、1CX（20 t）集装箱及5D（5 t）集装箱。在底架上不设地板和墙板，由底架承受集中载荷。为了满足承载结构和便于制造，底架采用全钢电焊结构。为改善承受车钩纵向力的能力，在端梁、枕梁间加槽钢斜撑4根。为改善装载系列集装箱时的受力状况，在两枕梁间靠近侧梁处设有槽钢小顺梁（第二小侧梁）。

侧梁上装有20个固定式锁闭装置，用来固定TBJ10型10 t集装箱（横放），侧梁内侧装有24个翻转式闭锁装置，用来固定1AA、1A、1AX、1CC、1C、CX、5D型集装箱（顺放）。为防止TBJ10型10 t集装箱箱门外开启，在侧梁上有门止挡装置。

六、长大货物车

长大货物车用来装运体积庞大而又笨重的货物，或体积小但质量大的集重货物，例如大型机床、发电机定子、汽轮机转子、轧钢设备、大型变压器、工程塔设备。

按照车体结构，目前我国现有的长大货物车可分为长大平车、凹形车、落下孔车、钳夹车和双支承承载平车五种类型。

（一）长大平车

长大平车的形状与平车基本相同，只是车体较长，一般大于19 m，承载面为一平面，载重量一般为90 t及以上，现场通称为大平板车。

1. D22型长大平车

D22型长大平车载重120 t，车体仅有车底架及地板，底架全长25 m，底架通过中梁支承在4台二轴转向架上（每端的两个二轴转向架用纵摇枕连接起来，组成四轴转向架），故地板面较一般平车高。主要用来运输25 m长的钢轨、桥梁钢梁、混凝土梁及长大机械设备等高度不大的长大货物，也可以用来运输木材、钢材等。D22型长大平车先后共生产了82辆。后在D22型长大平车的基础上制造了两辆载重150 t的D27型长大平车，该型车结构与D22型长大平车完全相同，仅将4D轴转向架换装成4E轴转向架。

2. D23型长大平车

D23型长大平车载重235 t，底架全长28 m，专供跨装长大（长度大于或接近28 m）的货物使用。该车采用09Mn2低合金钢电焊结构，全车由大底架、2个小底架、4组四轴转向架、制动装置、牵引缓冲装置等部分组成。

（二）凹形车

载重量较大的车辆，由于转向架的数量和轴数增多，使地板面相应增高，但由于受机车车辆限界的限制，从而影响装货的净空高度。为了增加净空高度，降低车辆的重心，将车底架及车体的装货部分制成凹形，这就是凹形车，又称凹底平车，现场通称为元宝车。

D9型凹形车，车体采用全钢结构，载重量230 t，采用4台五轴转向架，车体全长39 m，结构如图3-44所示。

图3-44　D9型凹形车结构示意

属于凹形车的还有D10型90 t凹底平车、D50型50 t凹底平车、D2型210 t凹底平车、D18A型180 t凹底平车、D12型120 t凹底平车。

（三）落下孔车

凹形车虽然可降低地板面高度，但仍满足不了运输某些高大货物的要求，如直径特别大的发电机转子和汽轮机转子、轧钢机架等。为此将底架中部制成一个较大的矩形空洞（落下孔），货物装在空洞（落下孔）内，载荷由支承梁传给两侧高大的侧梁，以便充分利用机车车辆限界，装运凹形车不能运输的超高货物，这种长大货物车称为落下孔车。

如D17型落下孔车，载重150 t，采用2台五轴一体构架式转向架，落下孔尺寸为10.2 m×2.3 m。图3-45所示为D17型落下孔车示意。属于落下孔车的有D16型、D17型、D18型、D19型等几种类型。

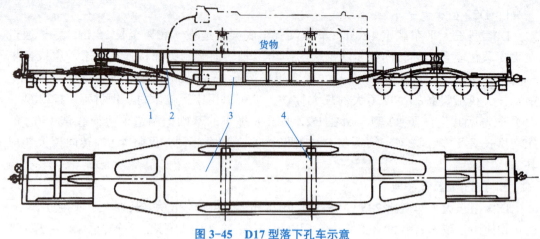

图 3-45　D17 型落下孔车示意
1—转向架；2—车底架；3—落下孔；4—支承梁

（四）钳夹车

钳夹车有两节车体，主梁分为左右两段。未装货物时，空车运行车体采用短连挂形式，用销子将两钳形梁上的连接板固定，使两根钳形梁成一整体，装运货物时车体采用装运连挂形式，将两根钳形梁拉开，货物直接或通过货物承载箱（架）夹持在两根钳形梁之间。待运的货物或货物承载箱（架）必须具有足够的强度和刚度，以便承受重量与钳夹力。

钳夹车主要运送大型变压器、发电机定子和重型轧钢机牌坊等短、粗、重的集重货物。

D20 型钳夹车载重 280 t，自重 138 t。其车体采用全钢焊接结构，整个车体及货物的重量通过两钳形梁的心盘支承在两个小底架上，每个小底架通过其两端的心盘与五轴转向架相连，如图 3-46 所示。

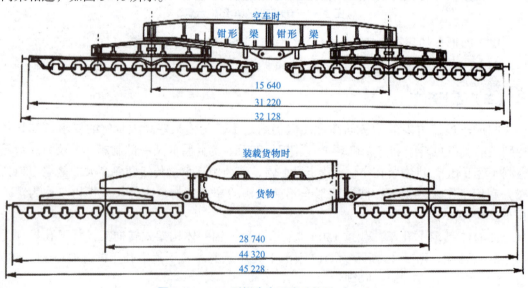

图 3-46　D20 型钳夹车示意（单位：mm）

D35 型 32 轴钳夹车为目前国内最大的钳夹车，载重 350 t，自重 290 t。其车体由 4 个小底架、2 个大底架、4 根钳形梁等组成。

（五）双支承承载平车

双支承承载平车主要用于运送长、大、重的筒形长大货物。如 D30 型双支承承载平车是为了整体装运氨合成塔和尿素合成塔等货物而设计的，共生产了 2 辆，设计载重 370 t，装货物后距轨面最大高度为 5 400 mm。

D30 型双支承承载平车如图 3-47 所示，由两节凹形车组成，故又称双联平车。在两节凹形车的凹形底架中部均设有转动鞍座（转盘）和卡带，当货物跨装在两转动鞍座上时，用卡带紧固，转动鞍座能与凹形底架做相对转动，以利于车辆通过曲线路。

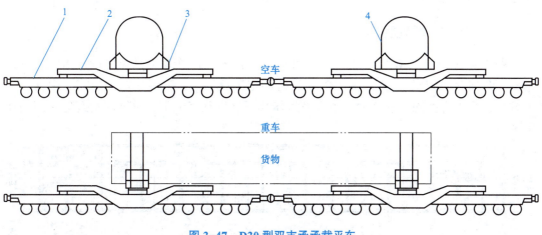

图 3-47　D30 型双支承承载平车
1—转向架；2—车底架；3—转动鞍座；4—卡带

D30 型双支承承载平车除了按双联装运形式装运最大质量 370 t、长度一般为 22 m 以上的货物外，也可以采用单节装运形式，此时装运的最大质量为 185 t。采用单节装运形式时，应报相关部门批准。

七、22 型客车

22 型客车车体采用金属焊接结构，由底架、侧墙、车顶和端墙焊接而成。钢骨架外面包有侧板、顶板、端板和地板，形成一个筒形结构。车体墙板上有凸筋，以增加强度和刚度。22 型客车车体结构为整体承载结构。

（一）YZ22 型硬座车

图 3-48 所示为 YZ22 型硬座车平面布置。该车中部为客室，定员 118 人，客室两侧分别设有两人座椅和三人座椅各一列，座椅间有固定的小茶桌，客室中部有通行的走廊，两侧墙上方装有行李架、衣帽钩等。客室两端都设有厕所和敞开式洗脸间，在一位端设有乘务员室和独立温水取暖锅炉室，乘务员室内设有办公桌、座椅和配电盘。

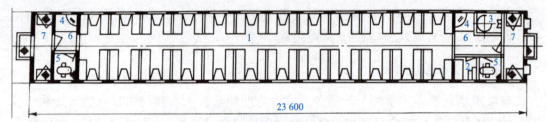

图 3-48 YZ22 型硬座车平面布置（单位：mm）

1—客室；2—乘务员室；3—独立取暖锅炉室；4—洗脸间；5—厕所；6—通道；7—通过台

车体两端设有封闭式通过台，两侧各设有一内开式侧门，当侧门关闭后，脚蹬上面用翻板盖住。端门外有风挡装置，将两节车厢连接处封闭起来，以保证旅客安全通过和防止风、沙、雨、雪侵入。

（二）YW22 型硬卧车

图 3-49 所示为 YW22 型硬卧车平面布置。该车有 10 个敞开式卧铺间，每间有两组横向三层卧铺，定员 60 人。两下铺间设有固定茶桌，上、下铺采用固定式，中铺可向上翻起，每个卧铺间壁靠走廊一侧设有固定梯子，供旅客上下，卧铺间均有电灯照明和电扇。

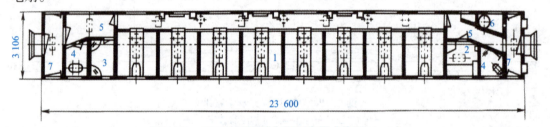

图 3-49 YW22 型硬卧车平面布置（单位：mm）

1—卧室；2—乘务员室；3—厕所；4—洗脸间；5—走廊；6—独立取暖锅炉室；7—通过台

走廊侧墙的窗台下方设有窄茶桌和可翻起的座椅。在茶桌下面装有地灯，走廊侧的上部设有行李架。车的两端都设有厕所，两个洗脸间都设在二位端，取暖锅炉和乘务员室设在一位端。

（三）RW22 型软卧车

图 3-50 所示为 RW22 型软卧车平面布置。该车有 8 间封闭式包间卧室，每间设有 2 个下铺和 2 个上铺，定员 32 人。下铺间装有固定式茶桌。每间卧室内都装有播音器、顶灯、摇头电扇，还装有床头灯、电铃按钮和台灯。在卧室门上面，走廊上部空间，旅客可存放行李。

在走廊侧墙窗下安装有可翻起的座椅。两端都设有厕所，洗脸间都设在二位端，乘务员室与取暖锅炉设在一位端。

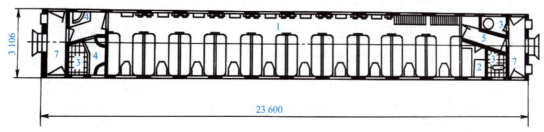

图 3-50　RW22 型软卧车平面布置（单位：mm）
1—卧室；2—乘务员室；3—洗脸间；4—厕所；5—走廊；6—独立取暖锅炉室；7—通过台

八、25 型客车

我国新造客车数量最多的是 25 型客车，它将逐步取代目前数量较多且已停止生产的 22 型客车。25 型客车车体结构为全钢焊接结构，由底架、侧墙、车顶和端墙四部分焊接而成。在侧墙、端墙、车顶钢骨架外面，在底架钢骨架的上面分别焊有侧墙板、端墙板、车顶板和纵向波纹地板及平地板，形成一个上部带圆弧、下部为矩形的封闭壳体，俗称薄壁筒形车体结构。壳体内面或外面用纵向梁和横向梁、柱加强，形成整体承载的合理结构。

由于车辆的用途和生产工艺条件的不同，各种 25 型客车的结构不全相同，但其外形尺寸和结构形式基本一致。25 型客车主要有 YZ25k 型、YW25k 型、YZ25G 型、RZI25z 型、RW25G 型、CA25K 型、XL25G 型、UZ25K 型、SYZ25B 型及发电车等。

（一）YZ25G 型硬座车

图 3-51 所示为 YZ25G 型空调硬座客车平面布置。YZ25G 型车是空调硬座客车，采用改进后的 209 型转向架。为满足平稳性指标，并实现 200 万千米无须换修的要求，对原 209 型转向架进行多方面的改进，该转向架具有较高的强度、较长的寿命、较好的平稳性及较高安全可靠性。制动系统采用 104 型空气制动装置、ST1-600 型闸瓦间隙自动调整器及手制动装置，给水装置为 1 000 L 车上水箱，采暖方式为电热取暖，供电方式为采用发电车集中供电，采用三相四线制供电，其电压为 380 V，频率为 50 Hz，空调装置为全封闭车顶单元式，压缩机功率为 $2 \times 29\,070$ W。YZ25G 型空调硬座客车定员 118 人（带车长席的为 112 人）。

YZ25G 型空调硬座客车的主要特点如下：中顶板及两侧的灯带向下突出 75 mm，它与侧墙上的铝制行李架组成了 3 条沿车体全长的线条带，车顶中央的灯带内装有 2×12 根 40 W 荧光灯，室内光线充足；由铝型材质制造的行李架，造型美观大方；由玻璃钢制成的骨架及耐燃聚氨酯半软垫组成的座椅，乘坐舒适，造型别致；采用密封性好的单元式铝合金车窗；全车内墙板、间壁板采用阻燃性能好的三聚氰胺贴面胶合板。

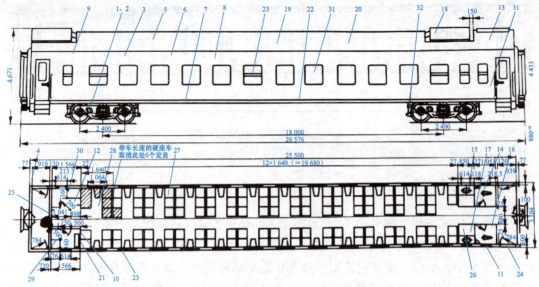

图 3-51　YZ25G 型空调硬座客车平面布置（单位：mm）

1—空气制动装置；2—基础制动装置；3—车体钢结构；4—端墙内部安装；5—车顶内部安装；
6—侧墙内部安装；7—底架内部安装；8—防寒材安装；9—平顶板安装；10—间壁安装；11—采暖装置；
12—茶炉室布置；13—给水装置；14——一位厕所；15——一位洗面室；16—二位厕所；17—二位洗面室；
18—空气调节装置；19—送风装置；20—车内电气装置；21—车内电气控制系统；22—车底电气装置；
23—车窗布置；24—门布置；25—小走廊布置（一位）；26—小走廊布置（二位）；27、28—客室布置；
29—配电室布置；30—乘务员室布置；31—车外标记安装；32—改进 209 型转向架

（二）YW25K 型硬卧车

图 3-52 所示为 YW25K 型硬卧车平面布置。

YW25K 型硬卧车的平面布置：客室两端设通过台、小走廊；一位端设有乘务员室、配电室、电茶炉室、洁具室；二位端设有 2 个厕所和 1 个敞开式双人洗脸间，厕所内设气动密封式便器；中部设 11 个开敞式卧铺包间及通长大走廊，包间内设上、中、下半软式卧铺各 2 组，大走廊上部设铝合金板式行李架。全车定员 66 人。

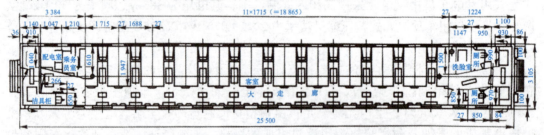

图 3-52　YW25K 型硬卧车平面布置示意（单位：mm）

车内两端设有电子信息显示屏，车内顶板采用 ABS 工程塑料，采用铝合金格栅式送风口。车顶一位端设制冷量为 40.7 kW 单元式空调机组，采用玻璃钢静压风道，墙板和壁板采用防火板。侧门为气动塞拉门，风挡为密封式折叠风挡。

25 型硬卧客车比 22 型硬卧客车增加了 6 名定员，该车已取代了 22 型硬卧客车。

（三）发电车

KD 型空调发电车的平面布置如图 3-53 所示。KD 型空调发电车是为适应京广、京沪、京哈、陇海四大干线的提速要求而设计的。该车造型新颖，布局合理，技术先进，功能齐全，操作方便；配电室、乘务员室噪声低。该车装有 3 台功率为 300 kW 的进口康明斯柴油发电机组，总装机容量为 900 kW，最大输出功率为 800 kW。供电时，可由 2 台或 3 台机组并网向主干线供电，可供 20 辆客车空调用电。

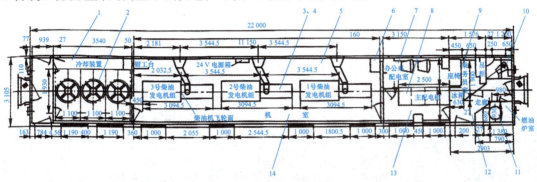

图 3-53　KD 型空调发电车平面布置（单位：mm）

1、13—冷却室布置；2—冷却装置；3—燃油系统；4—冷却系统；5—车体结构；6—油泵；7—配电室；
8—电气控制柜；9—乘务员室布置；10—卫生间；11—锅炉室布置；12—走廊；14—机房布置

（四）25T 型提速客车

25T 型提速客车（图 3-54）由中国北车集团长春轨道客车股份有限公司和唐山机车车辆厂等企业联合研制，是中国铁路第五次大提速主型客车，广泛应用于全国干线铁路。

25T 型提速客车吸收了多年来 25 型准高速客车、提速客车的设计制造技术及运行经验，整车设计和制造达到国际同类产品先进水平。整列车载客近千人，为国外同类产品运能的 14～18 倍，非常符合中国铁路客运现状，也完全适应中国铁路南北跨距大、温差大的特点。

图 3-54　25T 型提速客车

25T 型客车每列最大编组为 19 辆，能满足以 160 km/h 速度持续运行 20 h 的需要以及一次库检作业 5 000 km 无须检修的要求。

25T 型提速客车特点如下：

（1）具有良好、可靠的安全性。25T 型提速客车采用了先进成熟的 CW-200K 及 SW-220 K 转向架，整列车设安全行车监控系统，车下悬吊装置均采用安全防护设施。

（2）采取以人为本的人性化设计。25T 型提速客车以舒适性、适用性为出发点，充分

考虑旅客的旅行需求。如采用密接式车钩，避免纵向冲动。

（3）秉持环境保护的设计理念。25T 型提速客车采用阻燃、环保材料。客车结构尽可能采用无木结构，整列车设真空集便装置，采用无明火、无煤烟的电气化厨房设备，减少环境污染。

（4）采用了机车供电技术，实现了机车向客车供电，取消了发电车。

（5）采用信息化技术。整列车构成 PLC 控制的无主网络监控系统、行车安全监测诊断系统和无线传输系统，实现了列车监控、诊断的信息向地面设备的传输。

 任务实施

任务工单

任务场景	校内实训室		指导教师	
班级			组长	
组员姓名				
任务要求	1. 任务名称：认识车辆车体结构。 2. 任务目的：了解车辆车体结构，学会利用资源，提高资源整合能力。 3. 演练任务：请同学们讲述常见车辆的车体结构，能复述主要性能和特征			
任务分组	在这个任务中，采用分组实施的方式，4 ~ 8 人为一组，通过学生自荐或推荐的方式选出组长，负责本团队的组织协调工作，带头示范，督促、帮助其他组员完成相应工作			
任务步骤	1. 每组同学都需要介绍一种铁道车辆，请查阅相关资料，制作 PPT，上台讲解。 2. 各组分别上台讲解任务车辆的车体结构组成、主要性能及特征，找出相对应车辆的图片。 3. 讲解完成后，教师随机抽取车辆图片，学生进行知识抢答，看看哪组学生答得又快又准。抢答时能说出车辆名称，并能大致说出该车辆的主要性能和特征方可计分，否则视为无效抢答			
任务反思	请写出你掌握的新知识点，并完成本次任务中的自我评价			

任务评价

序号	评价项目	评价内容	分值	自评30%	互评30%	师评40%	合计
1	职业素养	具有团队合作能力,交流沟通能力,互相协作、分享能力	10				
		主动性强,能保质保量地完成工作页相关任务	10				
		具有精益求精的工匠精神	10				
		能采取多样化手段收集信息、解决问题	10				
2	专业能力	报告的内容全面、完整、丰富	10				
		熟悉车底架结构,能画出车底架示意图	10				
		能简述货车车体结构的主要性能和特征	10				
		能简述客车车体结构的主要性能和特征	10				
		能区分客货车车体	10				
		语言表达准确、严谨,逻辑清晰,结构完整	10				

任务测评

一、单选题

1.(　　)和长大货物车,由于结构上只要求具有装货的地板面而不需要车顶,所以,全部载荷由车底架来承担,这种结构称为底架承载结构。

　　A.平车　　　　　　　　　　　　B.敞车

　　C.棚车　　　　　　　　　　　　D.集装箱车

2.棚车是铁路货车中的通用车辆,占货车总数的(　　)%左右。

　　A.16　　　　　　　　　　　　　B.18

　　C.20　　　　　　　　　　　　　D.22

3.我国新造客车数量最多的(　　)型客车,它将逐步取代目前数量较多且已停止生产的(　　)型客车。

　　A.22　　　　　　　　　　　　　B.23

　　C.24　　　　　　　　　　　　　D.25

二、简答题

1. 根据车辆承载方式的不同，车底架分为哪些种类？

2. 简述 P65s 型行包快运棚车的主要性能及特征。

3. 25T 型提速客车特点是什么？

拓展阅读

拓展阅读

模块四

拆解机车转向架

📖 项目简介

　　转向架（又称为走行部）是铁路车辆轮轨接触的关键部件，是轨道车辆结构中重要的部件之一，主要用于支撑车体，承受并传递从车体至车轮之间或从轮轨至车体之间的各种载荷及作用力，并使轴重均匀分配。转向架的各种参数直接决定了车辆的稳定性和车辆的乘坐舒适性。由于转向架是车辆的一个独立部件，因此便于检修及拆装。接下来，让我们一起来了解转向架的组成及分类吧。

任务一　认知机车转向架

知识目标

1．掌握机车转向架的作用、组成和分类。
2．掌握转向架的相关概念。

技能目标

1．掌握转向架力的传递。
2．了解 HXD 系列电力机车转向架的技术参数及特点。

素养目标

1．具备良好的职业道德。
2．具有良好的团队沟通协调能力。
3．学习传承工匠精神，培养团队协作能力。

任务描述

机车运行是否良好、平稳，转向架起到决定性的作用。转向架结构的不同，对机车的运行时速、载重能力产生关键性的影响。那么大家认识转向架吗？知道机车常用的转向架有哪些吗？借助网络查找各种转向架的图片，向同学们介绍转向架的组成，找出它们之间的差异，分析转向架力的传递。

相关知识

一、转向架概述

转向架是电力机车的重要组成部分，其结构和性能对整台机车的运行速度、走行品质、安全性能起着决定性的作用。

（一）转向架的作用

（1）传力：在轮轨接触点产生牵引力、制动力，并将其传给车钩。

（2）承重：承担机车上部的重量，并把重量均匀分配给每个轮对。

（3）转向：在钢轨的引导下，实现机车在线路上运行。

（4）缓冲：缓和线路不平顺对机车的冲击，减少运行中的动作用力及其危害。

（二）转向架的组成和分类

1. 组成

转向架一般包括构架、轮对、轴箱、轴箱悬挂装置、牵引电动机及其悬挂、齿轮传动、基础制动装置等组成部分。它们以构架为基础组装在一起，使转向架成为一个整体部件。转向架构造如图4-1所示。

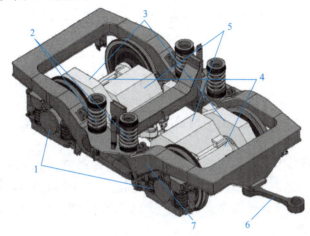

图4-1　转向架构造

1——系悬挂；2—二系悬挂；3—减速器；4—抱轴箱；5—牵引电动机；6—压缩牵引杆；7—弯曲管架

2. 分类

按轴数分类，转向架可分为两轴转向架和三轴转向架。两轴转向架容易通过曲线路，三轴转向架在平直线路上运行性能好。具体选择两轴转向架还是三轴转向架，应根据线路、机车功率、速度、轴重要求等综合因素确定。HXD1型电力机车的传动方式可分为独立传动和组合传动两类。独立传动又叫单独传动或个别传动，每根轮轴由一台电动机进行驱动，传动装置比较简单，运行可靠性也较好，是目前普遍采用的传动方式。组合传动又叫单电动机传动，整台转向架只有一台电动机，外形尺寸受转向架结构限制较小，能够增大电动机功率，减轻转向架重量，降低制造成本，有利于机车黏着性能的改善。

（三）转向架的相关概念

1. 轴重

机车在静止状态下，每根轮对压在钢轨上的重量，称为轴重。轴重越大，机车的黏着牵引力也越大，而轴重越大，机车运行中对线路的破坏性也越大。机车轴数多则轴重小，轴数少则轴重大。线路质量好，运行速度低，轴重可以加大；线路质量差，运行速度高，轴重必须减小。

世界各国对轴重无统一规定，轴重与结构速度的关系：一般结构速度为 100 ～ 120 km/h 的机车，轴重限制为 220 ～ 230 kN；结构速度为 160 ～ 200 km/h 的机车，轴重限制为 190 ～ 210 kN；结构速度为 200 ～ 250 km/h 的机车，轴重限制为 160 ～ 170 kN。

我国电力机车轴重限制在 230 kN 以下，SS9 改型电力机车轴重为 230 kN，HXD1 型电力机车轴重为 230 kN 或 250 kN。

2. 单轴功率

机车每根轮轴所能发挥的功率，称为单轴功率。

轴重相同，单轴功率越大，机车所达到的运行速度越高。单轴功率反映机车牵引电动机和转向架的制造水平。单轴功率应根据运行速度和牵引力的设计要求而定。

SS9 改型电力机车单轴功率为 800 kW，HXD 型电力机车单轴功率可达到 1 200 kW 和 1 600 kW。

3. 结构速度

转向架在结构上所允许的机车最大运行速度，称为机车的结构速度。

高速运行的机车，必须保证运行的平稳性和各部件的正常使用寿命，这对转向架的结构、工艺等提出了很高的要求。结构速度也是反映机车和转向架设计制造水平的重要参数。

追求高速是世界各国普遍的趋势。德国 ICE 高速列车于 1988 年 5 月达到 406.9 km/h 的高速；法国 TGV 高速列车于 2007 年 4 月 3 日创造了 574.8 km/h 的列车最高速度纪录。

我国铁路的发展方向也是重载、高速。随着铁路的几次大提速，对机车速度的要求越来越高。

（四）转向架力的传递

转向架在运行中，除承受垂向重力、纵向牵引力、制动力及横向钢轨对轮对的侧压力外，还常常经受很严重的动作用力，如线路不平顺对轮对的冲击力等，受力十分复杂。下面以 HXD3 型电力机车为例，简述转向架力的传递过程，如图 4-2 所示。

1. 垂向力的传递（以重力为例）

机车上部重量→车体支承装置→转向架构架→轴箱弹簧悬挂装置→轴箱→轮对→钢轨。

2. 纵向力的传递（以牵引力、制动力为例）

轮轨接触点产生牵引力或制动力→轮对→轴箱→轴箱拉杆→转向架构架→牵引装置→车体底架→缓冲器→车钩。

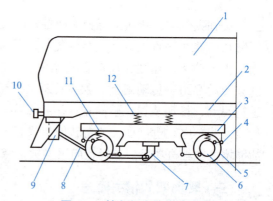

图 4-2　转向架力的传递示意

1—车体；2—车体底架；3—转向架构架；4—轴箱拉杆；5—车轮；6—轴箱；7—构架牵引座；8—牵引拉杆；9—底架牵引座；10—车钩；11—轴箱弹簧悬挂装置；12—车体支承装置

3. 横向力的传递（以轮轨侧压力为例）

钢轨对轮对的侧压力→轮对→轴箱→轴箱拉杆→转向架构架→车体支承装置→车体底架→机车上部。

二、HXD1 型电力机车转向架概述

HXD1 型电力机车转向架采用了成熟且比较先进的技术，如轮盘制动、滚动抱轴承传动、二系高挠钢弹簧、单轴箱拉杆轮对定位、整体免维护轴箱轴承、砂箱加热等，这些先进技术的采用保证了机车在重载牵引条件下以较高的速度运行。

HXD1 型电力机车转向架主要由轮对、传动装置、轴箱、构架、悬挂装置、牵引装置、撒砂装置、轮缘润滑装置、弹性止挡、整体起吊、空气管路及辅助装置组成，如图 4-3 所示。

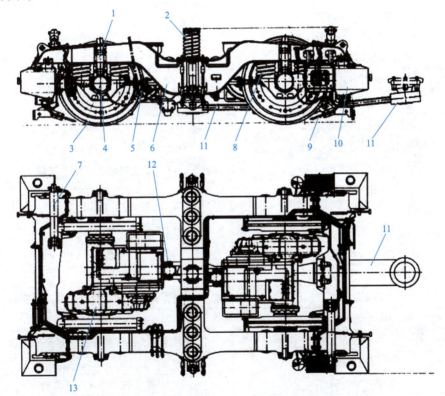

图 4-3　HXD1 型电力机车转向架结构
1—垂向油压减振器；2—二系悬挂装置；3—轮对；4—轴箱；5—基础制动装置；6—构架；
7—横向油压减振器；8——系悬挂装置；9—撒砂装置；10—砂箱；11—牵引装置；
12—电动机悬挂装置；13—齿轮传动装置

动力学计算表明：23 t 和 25 t 轴重的 HXD1 型电力机车理论上的准线性和非线性临界速度大于 200 km/h；机车的平稳性要视实际线路的情况而定，25 t 轴重机车的车体平稳性优于 23 t 轴重机车；机车可以安全地通过大、中、小半径困难条件的曲线路，具有良好的曲线路通过性能；机车的黏着利用率为 91.86%。HXD1 型电力机车转向架主要技术参数见表 4-1。

表 4-1 HXD1 型电力机车转向架主要技术参数

项目	参数
轴重 /t	25
转向架总质量 /kg	20 060
电动机质量 /kg	2 450
单轴簧下质量 /kg	4 572.5
簧间质量（除电动机装配外一系簧上、二系簧下所有质量）/kg	4 698.5
牵引电动机悬挂方式	抱轴悬挂
轴距 /mm	2 800
轨距 /mm	1 435
转向架中心距 /mm	8 900
轮对左右轴箱中心线间距 /mm	2 080
二系支承点横向间距 /mm	2 080
牵引方式	中间斜拉杆推挽式
电动机功率 /kW	1 225
牵引点距轨面高度 /mm	240
最大启动牵引力 /kN（每轴）	95
传动方式	交流电动机、滚动抱轴
齿轮传动比	106/17
轮径 /mm	新轮 1 250
	半磨耗 1 200
	全磨耗 1 150
最大运行速度 /（km·h⁻¹）	120
一系悬挂方式	钢弹簧＋单轴箱拉杆＋垂向减振器
一系弹簧静挠度 /mm	38
二系悬挂方式	钢弹簧＋垂向减振器＋水平减振器
二系弹簧静挠度 /mm	103
基础制动方式	轮盘制动单元（带蓄能）
限界	满足《标准轨距铁路限界 第 1 部分：机车车辆限界》(GB 146.1—2020)
轴箱横向自由间隙 /mm	0.2 ～ 0.5
一系横向止挡间隙 /mm	10
一系垂向止挡间隙 /mm	25
二系横向止挡自由间隙 /mm	35
二系垂向止挡间隙 /mm	30
二系横向止挡弹性间隙 /mm	5

三、HXD2 型电力机车转向架概述

HXD2 型电力机车的一个特征是安装在每个驾驶室和生活间下方的 2×2 转向架有一个带两个悬挂的减振器。

一系悬挂装置采用独立的轴箱弹簧悬挂结构。在每个弹簧的上方设置有绝缘垫和绝缘环。轴箱两侧各安装一个轴箱拉杆装置，机车运行时，轴箱拉杆装置用来传递牵引力、制动力。另外，为了达到衰减和吸收振动的目的，在每个轴箱安装有一个一系垂向减振器。垂向运动被限制在两止挡之间。

二系悬挂装置使转向架可以在各种运动中做绕行运动，这得益于纵向、横向和防蛇形运动的减振器。有两组弹簧内置有垂向限位装置。垂向运动被位于螺旋弹簧中间的止挡限制，下移极限为 35 mm；在车体和构架横梁间装有横向止挡，横向运动被侧挡限制在可以自由移动 20 mm 的范围内，弹性元件压缩 40 mm（总共 60 mm 的横向运动）。25 t/23 t 转向架在二系悬挂装置的区别也是有无轴重调整垫。

HXD2 型电力机车转向架主要技术参数见表 4-2。

表 4-2　HXD2 型电力机车转向架主要技术参数

项目	参数
标称质量 /kg	18 700
总长 /mm	4 655
总宽 /mm	2 826
转向架轴距 /mm	2 600
车轮直径（新）/mm	1 250 ～ 1 254
车轮直径（全旧）/mm	1 150
轮缘宽度 /mm	140
轮对内侧距 /mm	1 353±3
轮轴座直径 /mm	250
通过最小曲线半径（5 km/h 以下速度）/m	125
设计轴重 /t	25
设计速度 /（km·h^{-1}）	120

四、HXD3 型电力机车转向架概述

HXD3 型电力机车有两台完全相同的转向架。为使机车获得良好的动力学性能，保证机车运行得安全可靠，作为重载货运牵引的电力机车，在满足各项基本性能要求的前提下，转向架的结构设计应着重考虑机车黏着重量利用率，如图 4-4 所示。

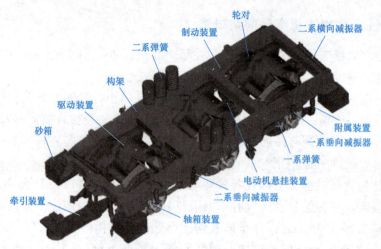

二系横向减振器
轮对
制动装置
二系弹簧
构架
驱动装置
砂箱
附属装置
一系垂向减振器
一系弹簧
电动机悬挂装置
牵引装置
二系垂向减振器
轴箱装置

动画：拆解
转向架

图 4-4　HXD3 型电力机车转向架示意

该转向架具有如下的结构特点：

（1）牵引电动机采用内顺置布置。这种布置可使机车在牵引工况获得较小的轴重转移，为此现在大多数机车转向架采用牵引电动机内顺置布置。

（2）采用低位推挽式单牵引杆结构，加以合理的悬挂参数选择，使机车轴重转移减小，满足机车牵引要求。

（3）构架刚度和强度高，侧架与端梁、横梁连接处采用圆弧连接的结构形式，降低了连接处的应力集中。

（4）采用二系悬挂和高圆弹簧组，每侧一组，均由三个弹簧组成，这种布置使弹簧接近回转中心，可减小弹簧的回转位移，降低弹簧的剪切应力。

（5）一系弹簧采用单圆、小静挠度值，使一、二系弹簧参数搭配趋于合理。

（6）基础制动采用 KNORR 公司的轮盘制动，使轮对受力形式较踏面制动更加合理。

（7）驱动装置采用德国 VOITH 公司设计的滚动抱轴式半悬挂结构。抱轴箱体（Cannon-box）采用高强度、高冲击韧性的球墨铸铁材料，与 U 形管式抱轴箱（U-tube）相比，其装配结构更加简单，适用性强。

 任务实施

任务工单

任务场景	校内实训室	指导教师	
班级		组长	
组员姓名			
任务要求	1. 任务名称：认识机车转向架。 2. 任务目的：了解机车转向架，学会利用资源，提高资源整合能力。 3. 演练任务：请同学们区分不同转向架的特点		

任务分组	在这个任务中，采用任务分组实施方式，3～5人为一组，通过学生自荐或推荐的方法选出组长，负责本团队的组织协调工作，最后形成任务报告
任务步骤	1. 请通过查找资料，说说你对转向架组成的了解。 2. 区分不同转向架的组成。 3. 计算相关车辆技术经济指标。 4. 简述转向架力的传递
任务反思	请写出你掌握的新知识点，并完成本次任务中的自我评价

任务评价

任务评价单

序号	评价项目	评价内容	分值	自评 30%	互评 30%	师评 40%	合计
1	职业素养	具有团队合作能力，交流沟通能力，互相协作、分享能力	10				
		主动性强，能保质保量地完成工作页相关任务	10				
		具有精益求精的工匠精神	10				
		能采取多样化手段收集信息、解决问题	10				
2	专业能力	报告的内容全面、完整、丰富	10				
		介绍转向架的组成	10				
		区分不同的转向架	10				
		可以复述出转向架力的传递	10				
		掌握转向架的作用	10				
		语言表达准确、严谨，逻辑清晰，结构完整	10				

 **任务测评**

简答题

1. 转向架的作用是什么？
2. 转向架一般由哪些部件构成？
3. HXD1 型电力机车转向架有哪些特点？
4. HXD2 型电力机车转向架有哪些特点？
5. HXD3 型电力机车转向架有哪些特点？

 **拓展阅读**

拓展阅读

任务二　走近转向架构架

知识目标

1. 掌握机车转向架构架的作用和要求。
2. 掌握转向架构架的分类和组成。

技能目标

1. 掌握转向架构架的作用、分类及组成。
2. 了解 HXD 系列电力机车转向架构架的技术参数。

素养目标

1. 培养良好的职业道德。
2. 培养良好的团队沟通协调能力。
3. 学习传承工匠精神。

任务描述

所谓"千里之行，始于足下"，认识和了解转向架的基础知识将为这部分的学习奠定重要的基石。那么，究竟什么是转向架，它的作用、类型、组成究竟是怎样的？下面让我们一起为转向架画个"素描"吧！

相关知识

一、机车转向架构架概述

（一）转向架构架的作用和要求

构架是转向架连接的基体，也是承载的基体。在机车运行过程中，构架除承受垂向重力，纵向的牵引力、制动力，横向的轮轨侧压力、离心力等力外，还经常受到严重的动作用力。此外，电动机悬挂、齿轮传动、轴箱定位、基础制动装置等工作时，构架的

受力更加复杂严重。因此对转向架构架有如下要求：必须有足够的强度和刚度；各梁的尺寸、各种附件的组装位置必须精确；质量轻，结构紧凑；运行中还必须经常检查，特别是各焊缝处，如产生裂纹，应及早发现，以免酿成事故。

（二）转向架构架的分类

1. 按设计和制造工艺，转向架构架分为铸钢构架和焊接构架

铸钢构架铸造工艺复杂，目前在电力机车上已很少采用。焊接构架质量轻，各梁皆采用中空箱形构件，用料省，强度和刚度都得到保证，所以得以普遍应用。尤其是压型钢板焊接构架，各梁按等强度梁设计制造，其箱形截面的尺寸依各部位受力情况而大小不等，使各截面的应力相近，具有足够的强度，且质量轻，材料利用率高。但由于压型钢板焊接构架制作时必须具备 1 000 t 以上的大型水压机和大型加热炉，因此其成本比一般钢板焊接构架高。

2. 按轴箱定位方式，转向架构架分为有导框轴箱定位和无导框轴箱定位

有导框轴箱定位是一种比较陈旧的定位方式，质量大，磨耗严重，目前只在少数内燃机车（国产东风、东风型内燃机车）和车辆转向架上采用。无导框轴箱定位又有多种不同的结构形式，普遍应用于现代机车转向架上。采用最普遍的是法国阿尔斯通式的轴箱拉杆橡胶关节定位形式。我国目前电力机车大都采用这种形式。

3. 按电动机悬挂方式分类

转向架按电动机悬挂方式可分为分轴悬式（抱轴式半悬挂）、架悬式（全悬挂）、体悬式（全悬挂）三大类。分轴悬式电动机悬挂，电动机一部分支承在车轴上，另一部分悬挂在转向架构架上，适用于速度较低的机车，国产 SS1 型、SS3 型、SS4 型、SS6 型等电力机车均采用此种悬挂方式。架悬式电动机悬挂，电动机全部支承在转向架构架上，电动机重力全部置于簧上，但传动装置比较复杂，一般速度在 120 ~ 140 km/h 以上的机车，必须采用全悬挂。我国国产 SS8 型、SS9 型电力机车采用此种悬挂方式。体悬式电动机悬挂是指牵引电动机大部分或全部支承在车体底架上的悬挂方式。目前，国外一些超高速机车上采用此种悬挂方式。

（三）组成

转向架构架主要由左右侧梁、一根或几根横梁及前后端梁组焊而成。有的转向架构架没有端梁，称为开口式或 H 形构架；有端梁的构架称为封闭式构架。

侧梁是构架的主要承载梁，是传递垂向力、纵向力和横向力的主要构件，侧梁还可用来规定轮对位置。

横梁和端梁用来保证构架在水平面内的刚度，保持各轴的平行及承托牵引电动机。砂箱一般安装在前后端梁上。

二、HXD1 型电力机车转向架构架

HXD1 型电力机车转向架构架为 H 形构架（图 4-5），由侧梁、牵引梁、前端梁和后

端梁组成，除个别安装座外，结构基本上是对称的。构架为焊接结构，采用等刚度设计，构架变形小，残余应力分布均匀，因此机加工后不需要退火。构架采用等强度设计，构架的各个零部件的应力水平比较低，且应力变化趋势平稳；安装座结构简单。

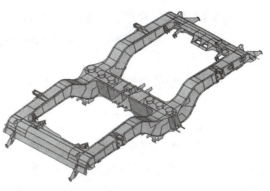

图 4-5　构架结构

构架本体材料采用 16MnDR 钢板，焊接采用德国的 DIN 6700 标准：优先选用对接焊缝、单边 V 形焊缝和 K 形焊缝；尽可能不用不开坡口的角焊缝；使焊缝位于低应力区；避免焊缝位于同一截面上；不同板厚的焊接，在厚板对接处设置斜坡，使两板厚一致；对接焊缝预留间隙，以便焊透，对接焊缝的余高尽量小。

三、HXD2 型电力机车转向架构架

HXD2 型电力机车转向架构架由两个对称的侧梁和两个端部横梁焊接，呈口字形，中间横梁与其用螺栓连接。

构架各梁体采用细晶粒高强度钢板 S500MC 和铸钢件焊接而成，对这些零件原材料的基本通用要求是碳当量和在 -40 ℃时按照欧洲标准试验的低温冲击要求。

除非另有说明，在设计图中的焊缝标注一般采用 EN 22553 标准的符号。构架焊接后的应力消除退火要根据标准 NF F01-810 执行，温度为（590±15）℃。

四、HXD3 型电力机车转向架构架

HXD3 型电力机车转向架构架是由左右对称布置的两个侧梁、前端梁、后端梁、牵引梁、横梁和各种附加支座等组成的。构架组焊后，成为完全封闭的框架式目字形箱形结构，如图 4-6 所示。

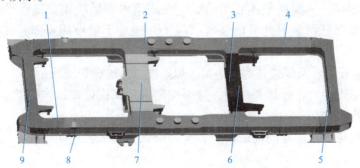

图 4-6　HXD3 型电力机车转向架构架

1—左侧梁；2—右侧梁；3—牵引横梁；4—减振器座；5—前端梁；
6—电动机吊杆座；7—横梁；8—轴箱止挡；9—后端梁

为了保证构架在机车正常运行中具有足够的强度、刚度和疲劳寿命，设计中有必要对构架进行有限元结构强度分析和模态分析，并且通过试验来验证设计和计算的正确性。

为满足相关试验标准的要求，HXD3型电力机车转向架构架按照《机车车辆强度设计及试验鉴定规范 转向架 第1部分：转向架构架》(TB/T 3549.1—2019)进行了静强度和1 000万次抗疲劳强度试验。

为了满足重载货运牵引性能的要求，降低整车的重心，同时满足轴重要求，考虑到电力机车车体上部质量较轻，所以适当增加了一系悬挂以上的质量。在构架设计时，为保证构架有足够的强度和刚度，侧架、横梁的下盖板采用了30 mm厚的钢板。各梁受力部分的内腔均设有10 mm厚的筋板。

牵引横梁承受较大的扭矩，设计成如图4-7所示的结构。横梁内除设有筋板外，还将钢管串联，以增加牵引梁的刚度和强度。

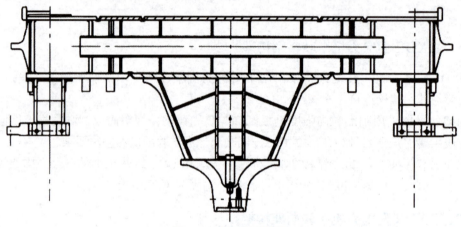

图4-7　构架牵引横梁

侧架和端梁、横梁采用圆弧连接的结构形式，以降低连接处的应力集中。为了增加侧架和端梁、横梁的连接强度，连接处的上下盖板交错，并且在横梁受力较大的4个连接处，采用双面焊。为实现整体起吊功能，在侧架内和轴线相交处还设有断面为H形的筋板结构，以保证吊装时此处的强度。端梁连接处下盖板用排障器座板和砂箱座板补强。

侧架上下盖板与各梁焊接处的边均加工焊接坡口，确保焊接质量。

构架作为组焊件，在整体组焊后，整个构架进行回火处理。该构架采用整体加热方式消除焊接过程中产生的焊接应力。

为了方便检修，在构架的前后端梁各有两个水平基准，这些基准作为机车检修时的测量依据。

 **任务实施**

任务工单

任务场景	校内实训室	指教教师	
班级		组长	
组员姓名			
任务要求	1. 任务名称：走近转向架构架。 2. 任务目的：了解转向架构架，学会利用资源，提高资源整合能力。 3. 演练任务：请同学们掌握不同 HXD 系列转向架构架的结构		
任务分组	在这个任务中，采用任务分组实施方式，3～5 人为一组，通过学生自荐或推荐的方法选出组长，负责本团队的组织协调工作，最后形成任务报告		
任务步骤	1. 通过查找资料，说说你对转向架构架的了解。 2. 掌握转向架构架的组成。 3. 区分 HXD 系列转向架构架。 4. 简述转向架构架的分类		
任务反思	请写出你掌握的新知识点，并完成本次任务中的自我评价		

任务评价

任务评价表

序号	评价项目	评价内容	分值	自评 30%	互评 30%	师评 40%	合计
1	职业素养	具有团队合作能力，交流沟通能力，互相协作、分享能力	10				
		主动性强，能保质保量地完成工作页相关任务	10				
		具有精益求精的工匠精神	10				
		能采取多样化手段收集信息、解决问题	10				

续表

序号	评价项目	评价内容	分值	自评30%	互评30%	师评40%	合计
2	专业能力	报告的内容全面、完整、丰富	10				
		简述转向架构架的作用	10				
		区分HXD系列转向架构架	10				
		掌握转向架构架的分类	10				
		掌握转向架构架的组成	10				
		语言表达准确、严谨，逻辑清晰，结构完整	10				

 任务测评

简答题

1. 构架的一般组件有哪些？构架有哪些种类？
2. 简述HXD1型电力机车转向架构架的组成、形式及各部件结构。
3. 简述HXD2型电力机车转向架构架的组成、形式及各部件结构。
4. 简述HXD3型电力机车转向架构架的组成、形式及各部件结构。

 拓展阅读

拓展阅读

任务三　了解机车轮对

📖 知识目标

1. 了解轮对的组成和组装。
2. 了解轮心各部分名称及分类。

📝 技能目标

1. 掌握车轴的受力及破坏。
2. 了解 HXD 系列电力机车转向架轮对技术参数及特点等相关知识。

🔲 素养目标

1. 培养良好的职业道德。
2. 培养良好的团队精神和沟通协调能力。
3. 学习传承工匠精神。

📍 任务描述

　　轮对是机车走行部中重要的部件之一。机车的全部静载荷都通过轮对传给钢轨；牵引电动机的转矩经过轮对作用于钢轨，产生牵引力，通过轮对的滚动使机车牵引列车前进。当轮对沿着钢轨运动，在通过钢轨接头、道岔、辙叉及线路的各种不平顺处时，刚性地面承受了全部垂直方向及水平方向的冲击。另外，组成轮对的各部件在组装时，要产生很大的组装应力。轮对装配的组成结构是什么？有哪些不同类型？受力如何？

📘 相关知识

一、机车轮对概述

　　机车轮对组装时，会产生很大的组装应力。重力、动作用力、组装应力共同作用在轮对上，使轮对的受力既复杂又很严重。轮对属于簧下部分，为了减轻它对线路的作用

力，还应该尽可能地减轻它本身的重量，这一点对高速机车尤为重要。因此，对于轮对的制造、维护应特别重视。适当地选择轮对部件的材料，保证轮对的正确形状和良好的状态，是机车安全运行的必要条件。机车轮对组成如图4-8所示。

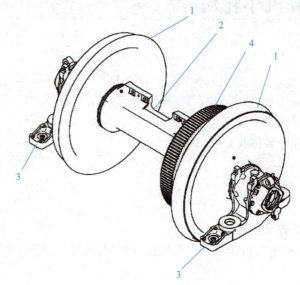

图 4-8　机车轮对

1—轮对；2—抱轴承；3—轴箱；4—大齿轮

（一）轮对的组成和组装

轮对一般由车轴、车轮和传动大齿轮组成，车轮又由轮箍和轮心组装而成。它们之间都采用过盈配合方式，用热套装或冷压装或注油压装的方式紧紧地装在一起。

车轴用 JZ 车轴钢锻制而成，分为轴颈、防尘座、轮座、抱轴颈和中间轴身部分，加工后其圆弧部分表面均通过滚压强化方式处理。

轮箍由轮箍钢轧制而成。不同型号的机车，轮对组装工艺有所不同。有的机车，大齿轮直接装在车轴上；有的机车，大齿轮装在轮心加长的轮毂部分，与车轮一起装在车轴上。车轮和车轴的装配工艺，有先套轮箍后压装车轴和先压装车轴后套轮箍两种。一般采用后者。大齿轮和轮心、轮心和车轴的组装，由于直径较小，一般采用直接冷压装的方法；而轮箍和轮心的组装，由于直径大，一般采用把轮箍加热后套装在轮心上、冷却后自然收缩抱紧的热套装方法。

轮心和车轴的组装，国外采用热套装工艺比较普遍，而我国近年来常采用注油压装工艺。热套装易于保证装配质量和装配尺寸，生产效率也高。在采用热套装后必须进行反压试验，以检查套装质量，就是将车轴在压力机上向退出轮心方向试压一定吨位的压力，轮轴不发生相对移动者为合格。

注油压装工艺是在轮心上设有注油油孔和与油孔相连的注油槽，当压装或退轮时，可用高压油泵向油孔内注入高压油，使轮心与轴配合表面渗满高压油，再用压力机施与压力，将车轴压入或退出轮心的组装工艺。这种工艺不但可降低压入或退出吨位，更主要的是可避免配合表面被拉伤，保证产品质量。

过盈配合的过盈量是决定组装后配合压力大小是否合适的关键。过盈量太小，则组装配合压力不足，容易造成松缓甚至脱落，发生重大事故；过盈量太大，则组装后配合压力太大，部件会因内应力过大而发生崩裂。过盈量大小是否合适，还可由冷压装时的压装吨位或热套装时的加热温度或注油压装时的油压大小来反映。冷压装时的压装吨位过大或热套装时的加热温度过高或注油压装时的油压太大，说明过盈量太大；反之，就说明过盈量太小。所以各部件加工时的过盈量、组装时的压装力、加热温度、油压大小，都有严格的要求。一般过盈量为配合直径的 1‰～ 1.5‰。

（二）车轴的受力及破坏

车轴承受的载荷相当复杂，有由于垂直载荷而引起的弯矩，有曲线运动时轮轨侧压力引起的弯矩，有齿轮传动时引起的扭矩，有某侧车轮发生滑行时引起的扭矩，还有线路的冲击、簧上部分的振动、制动力作用等，都要产生附加载荷。所以，车轴的工作条件十分恶劣，不仅有弯矩，而且有扭矩；不仅有交变载荷，而且常常有突加载荷。

由于车轴所受的主要应力都是交变的，所以多数车轴的折损是由疲劳裂纹引起的。实践证明，车轴的断裂，多发生在轴颈的圆根部、轮座的内侧、抱轴颈的圆根部 3 个区域。车轴的其他破坏，如轴颈烧损、拉伤，轮座部分擦伤，磨耗到限度等，一般不会引起重大事故，而且可以修复。疲劳裂纹和折断是车轴各种破坏中后果最严重的破坏。

为了减少车轴的疲劳破坏，可采取以下措施：锻造车轴钢坯应进行人工时效或自然时效处理，待内应力消除后再进行机械加工；加工成形的车轴表面应有高的表面粗糙度；不同直径的过渡部分，要有尽可能大的过渡圆弧，以减小应力集中；车轴正火热处理后进行试样检查；对车轴表面进行滚压强化处理，使表层金属材料更加致密，提高抗疲劳能力；等等。

（三）轮心各部分名称及分类

轮心是车轮的主体，它的外周装设轮箍，中心安设车轴。轮心通常由下列部分组成：

（1）轮心上和车轴压装的部分，称为轮毂；

（2）轮心上和轮箍套装的部分，称为轮辋；

（3）轮毂和轮辋之间的部分，称为轮辐。

轮心一般用优质钢铸成整体，在铸件铸成后，要用退火和正火等热处理方法消除内应力。

根据轮辐部分形式的不同，轮心可以分为辐板式轮心、辐条式轮心和箱式辐板式轮心。辐板式轮心具有质量小、弹性好等优点，但强度较差；辐条式轮心质量大，铸造时内应力大，运行中易发生辐条断裂，目前已基本淘汰；箱式辐板式轮心采用了薄壁中空夹层的结构形式，其质量小，强度大，还具有一定的弹性，可以适当减轻动作用力的危害，是目前大功率电力机车普遍采用的形式。

根据轮心上是否压装传动大齿轮，轮心又可分为长毂轮心和短毂轮心两种。在长毂轮心的轮毂部分压装传动大齿轮，这种组装方法可以减小车轴应力，避免压装时拉伤车轴，但轮对的质量必须有所增加。目前长毂轮心在国外已经少见，原因是高速机车追求减轻轮对的质量。

（四）轮箍

轮箍是车轮直接在钢轨上滚动运行的部分。它用热套法套在轮心上，俗称"红套"。套装过紧会引起轮箍崩裂，特别是冬季气温低，材质脆性大，更易发生崩裂。套装过松，就很容易弛缓，尤其是在长大下坡道，连续施行空气制动时，轮箍发热，容易发生弛缓。

为了检查轮箍是否发生了弛缓，用黄色油漆在轮箍、轮心接合处画一条径向宽线，可以观察它有无错位来判断是否发生了弛缓现象。轮箍在机车运用中，必须定期旋修，旋修或磨耗到限后必须更换新的轮箍。

1. 轮箍的外形

轮箍的外形是一个带凸缘的圆环，它是与钢轨直接接触的部分，由轮缘和踏面组成。其外表面与钢轨顶面接触的部分，称为踏面，与钢轨内侧面（轨肩）接触的凸缘部分，称为轮缘。轮缘起着导向和防止脱轨的重要作用。

轮箍的外形和尺寸，各国不尽相同，各有其标准。我国按《机车车辆车轮轮缘踏面外形》（TB/T 449—2016）加工轮缘和踏面。加工后用标准样板进行检查，须达到如下标准：

（1）轮缘高度为 28 mm；

（2）轮缘厚度（从距离轮缘顶部 18 mm 处测量）为 33 mm；

（3）轮缘外侧面与水平面所成的角，即轮缘角为 65°；

（4）轮缘内侧有 $R=16$ mm 的倒角，以便引导车轮顺利通过护轮轨；

（5）踏面有 1：20 及 1：10 两段斜面；

（6）整个轮箍宽度为 140 mm，距离内侧面 73 mm 处的圆周，称为车轮的名义直径。

踏面制成 1：20 和 1：10 斜度而呈圆锥形的理由如下：

（1）机车在曲线上运行时，外轮沿外轨走行的距离大于内轮沿内轨走行的距离。由于内外轮装在同一轴上，如果两轮的踏面为圆柱形，势必引起内轮向后、外轮向前的滑行。如果踏面具有锥度，曲线通过时轮对因离心力的作用贴靠外轨运行，外轮与外轨接触处的直径 D 必然大于内轮与内轨接触处处的直径 d，这样就能显著地减少滑行，有利于充分发挥轮周牵引力，减少轮轨磨耗，如图 4-9 所示。因此踏面呈锥形是机车曲线通过的需要。

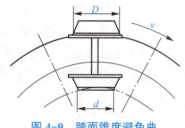

图 4-9　踏面锥度避免曲线上车轮的滑行

（2）踏面具有锥度后，轮对在直线上运动时，会因两轮以不同直径的圆周滚动，而产生轮对自动滑向轨道中心的倾向，形成轮对的蛇形运动。这种运动对于防止轮缘单靠、降低轮缘与轨肩的磨耗、使整个踏面均匀磨耗都有积极的意义，如图 4-10 所示。

斜度为 1∶20 的一段踏面，是经常与钢轨顶面接触的，因而磨耗较快；1∶10 斜度的踏面，接触轨面的概率较小，仅在进入道岔或小半径曲线上运行时，才可能接触轨面。如果没有 1∶10 斜度的踏面，磨耗将使踏面凹陷严重，在进入道岔或小曲径曲线时，可能产生剧烈的跳动，甚至会引起出轨事故。有了 1∶10 斜度的踏面，可以减轻磨耗凹陷的严重程度，如图 4-11 所示。这样就可以减小机车进入道岔或小半径曲线路时的跳动，确保行车安全。

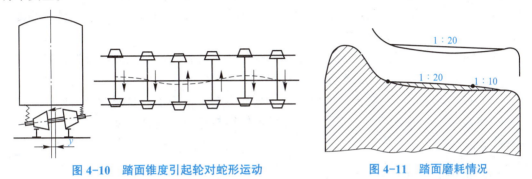

图 4-10　踏面锥度引起轮对蛇形运动　　　　图 4-11　踏面磨耗情况

2. 关于低斜度锥形踏面及磨耗形踏面

踏面具有斜度，会引起转向架的蛇形运动，随着机车运行速度的提高，这种蛇形运动会引起机车横向振动的加剧，使机车运行品质恶化，影响机车的横向稳定性和平稳性。因此 20 多年来，研究人员对踏面外形做了大量研究，并使得低斜度锥形踏面及磨耗形踏面得到了应用。

日本和法国的高速列车，把 1∶20 斜度的锥形踏面改为 1∶40 斜度的锥形踏面，提高了机车的蛇形临界速度，但应注意，踏面磨耗后，斜率会显著增大，需及时旋轮，尽量保持原有外形。

一般情况下，锥形踏面与钢轨接触范围很窄，在这狭小的接触面积上产生局部磨耗，使踏面呈现凹形。但踏面达到某种凹形程度后，外形便相对稳定，磨耗变慢。如果把踏面外形设计成磨耗形（凹形），则轮轨接触一开始就比较稳定，磨耗较慢，这就是近年来世界各国广泛采用的磨耗形踏面。

我国定型的磨耗形踏面为 JM 踏面外形。与锥形踏面相比，磨耗形踏面在外形上的主要特点如下：

（1）直线踏面与圆弧形轨头接触的不是锥形踏面而是圆弧形的凹面，轨头表面圆弧半径通常为 300 mm，踏面圆弧半径宜为 500 mm 左右。

（2）轮缘根部与踏面连接处有一段 R14～R16 mm 的小圆弧，磨耗形踏面在此小圆弧与踏面连接处加了一段过渡圆弧，通常为 R100 mm 左右。正是这段过渡圆弧避免了踏面和轮缘与钢轨的两点接触。

磨耗形踏面的主要优点：延长了旋轮里程，减少了旋轮时的车削量；在同样的轴重下，接触面积增大，接触应力较小；在同样的接触应力下容许更大的轴重；减少了曲线运行时

的轮缘磨耗；减少了踏面磨耗。磨耗形踏面的缺点：等效斜率较大，对机车运行稳定性不利。对于速度较高的机车，必须采取相应的措施来保证机车具有足够的运行稳定性。

（五）整体辗钢车轮

为了降低检修运行成本，传统的机车轮对多采用轮箍与轮心组合的轮对，但目前一些国家生产的电力机车多倾向于取消轮箍，采用整体辗钢车轮。原因如下：

（1）随着机车运行速度的大幅度提高，车轮高速转动产生的离心力（此力与圆周速度的平方成正比）对轮箍产生的应力往往有可能破坏轮箍的结合强度。因此，不能采用冷缩轮箍，有必要改用整体辗钢车轮。

（2）随着塑料闸瓦的使用推广，闸瓦传热散热不良将引起制动时轮箍温升过高。为了防止发生弛缓事故，有必要改用整体辗钢车轮。

（3）对某些采用空心轴传动的电动机全悬挂机车，轮心辐板要开设穿入连杆轴销或空心轴拐臂的孔，辐板强度被削弱，难以保证轮箍与轮心的配合强度。为此，有必要改用整体辗钢车轮。

二、HXD1 型电力机车轮对

HXD1 型电力机车转向架车轮采用直径为 1 250 mm 的整体辗钢车轮，材料为 ER8，并满足 EN 13262 标准要求；在车轮两侧装有制动盘，制动盘与车轮之间通过螺栓连接；车轮踏面采用符合《机车车辆车轮轮缘踏面外形》（TB/T 449—2016）的 JM3 磨耗形踏面。

车轴轴颈直径 160 mm，轮座直径 252 mm，轴身直径 240 mm，设计满足 EN 13104 标准要求；其材料采用 EA4T（25CrMo4V），并满足 EN 13261 标准的要求；车轴轮座采用喷钼处理，并满足 BN 918260 的要求。

轮对内侧距（1 353±3）mm（落车状态），其组装满足 EN 13260 的要求。

首台构架试验如下：

（1）静态和动态试验主要基于 UIC 515-4 和 UIC 615-4 中推荐的试验条件，并按照用户的要求完成（如果有）。

（2）静态超常载荷下的试验是为了检验车辆在最大超常载荷作用下该结构不会产生永久变形（屈服）。

（3）工作载荷下的动态试验是为了检验该结构是否能满足 30 年寿命的设计标准。

三、HXD2 型电力机车轮对

HXD2 型电力机车轮对的制造要符合 UIC 813 的要求。车轴设计和制造需要满足 UIC 811-1 和 UIC 811-2 的要求，材料为 A1N。车轮采用整体辗钢车轮，材料为 R7T。踏面为 JM3 磨耗形，设计和制造需要满足 UIC 812-2 和 UIC 812-3 的要求。轴箱轴承为全密封圆锥滚子轴承，装在车轴上。轴承满足 EN 12080 的质量要求，轮对主要零部件如图 4-12、图 4-13 所示。

图 4-12　HXD2 型电力机车轮对模型

图 4-13　HXD2 型电力机车轮对车轴

四、HXD3 型电力机车轮对

HXD3 型电力机车轮对装配如图 4-14、图 4-15 所示，是由车轴、车轮装配、驱动装置组成。车轮组装采用注油压装方式将车轮组装到车轴的轮座上；车轮拆卸时仍通过轮毂上的高压油孔注油退下。从动齿轮直接套在车轴上，滚动抱轴箱装配在车轮压装前组装到车轴上，并调整好轴承油隙。

图 4-14　HXD3 型电力机车轮对
1—车轮装配；2—驱动装置；3—车轴

图 4-15　HXD3 型电力机车轮对

车轮装配包括整体车轮和摩擦盘组装，整体车轮采用进口整体辗钢车轮，车轮踏面为标准规定的 JM3 磨耗形踏面；制动盘采用进口的 KNORR 公司制动盘。

车轴是碳素钢制成的，其材料必须符合《铁路机车、车辆车轴用钢》（GB/T 5068—2019）的规定，HXD3 型电力机车车轴采用 JZ50 钢。由于车轴在机车运行中受较大的交变载荷、牵引力、侧压力以及各种复杂的动载荷等，所以车轴除保证有足够的强度外，还应尽可能地减少车轴各载面上的应力集中。为此，在设计时，相邻部位两轴颈之比 D/d 不大于 1.22，任意两个相邻轴肩处均采用圆弧过渡。其半径选择应尽可能大些。为了提高车轴的抗疲劳强度，在轴颈和大圆角处均采用滚压加工。

轴箱装设在车轴两端的轴颈上，用来安设轴承，并将全部簧上载荷（包括垂直方向的动载荷）传给车轴；将来自轮对的牵引力或制动力传到转向架构架上。此外，它还传递轮对与构架间的横向作用力和纵向作用力。

（一）轴箱定位的概念

轴箱与转向架构架的连接方式，称为轴箱定位。轴箱定位的结构、性能对机车的运行品质有很大的影响。由于轴箱位置决定了轮对的位置，所以轴箱定位起到了固定轴距和限制轮对活动范围的作用。

轴箱相对于构架应是个活动关节，在不同的方向有不同的位移。对轴箱定位的要求是：应保证轴箱能够相对于转向架构架在机车运行中做垂向跳动，以保证弹簧装置能够充分发挥其缓和冲击的作用；在机车通过曲线时，轴箱应当能够相对于转向架构架做小量的横动，有利于机车几何曲线通过；在机车纵向则要求有较大的刚度，保证牵引力、制动力的传递（对普通转向架而言）。

由上可知，轴箱定位绝不仅仅意味着固定轴箱的位置，还要保证轴箱按运行的需要进行恰当的位移，在不同的方向，位移的数值有不同的要求。所以，轴箱定位往往又被称为轴箱导向方式。

（二）轴箱定位方式的分类

轴箱定位分为有导框定位和无导框定位两大类。有导框定位曾经是机车、客货车车辆轴箱定位的唯一方式，随着橡胶工业的发展和转向架技术的进步，取消了转向架上的轴箱导框，而采用无导框轴箱定位。无导框轴箱定位在结构形式上有多种，目前通常采用的有拉杆式轴箱定位和八字形橡胶堆式轴箱定位。

（1）有导框轴箱定位如图4-16所示。在构架侧梁下面设轴箱导框，在轴箱体的前后两侧设有导槽，轴箱上的导槽与构架上的导框配合滑动，组成导框定位。轴箱在导框内沿导框上下移动，也可以在导框与导槽间隙允许的范围内适当横动，使轮对有一定的横动量。为了加固轴箱导框，并防止轴箱脱出，在导框下面安装轴箱托板。为了便于检修，在构架导框与轴箱导槽的摩擦面上装设耐磨的衬板，并且经常加注润滑油，磨耗到限的衬板应及时予以更换。

有导框轴箱定位方式的缺点：存在摩擦面，磨耗严重，增加了检修工作量和检修成本；运行中需经常注补给润滑油，维修保养比较困难，磨耗松旷后产生打夯；横向位移没有弹性，不利于降低轮轨之间的动作用力；动力曲线通过性能不好；等等。

（2）八字形橡胶堆式轴箱定位。八字形橡胶堆式轴箱定位装置也称为人字形橡胶弹簧轴箱定位，是瑞典RC系列电力机车上发展起来的轴箱弹簧装置，同时具有轴箱定位装置的功能，如图4-17所示。

这种轴箱定位方式，在每一轴箱的前后侧各装一个金属橡胶夹层弹簧（俗称"三明治"橡胶金属结构），一端与转向架构架固结，另一端与轴箱体固结。这种装置不仅支承上部重量，起轴箱弹簧的作用，而且可以弹性地传递纵向力和横向力。改变夹层钢板的形状、数量和弹簧的安装角度，可使弹簧在各个方向达到所需要的不同刚度，适应承载和轴箱定位的需要。这种轴箱定位的优点是质量轻，结构简单，能吸收音频振动，运行中没有噪声，不存在磨耗等。这种装置取代了传统的一系弹簧悬挂装置，而橡胶弹簧目前还存在性能不够稳定、受温度影响大、制造工艺复杂等问题，所以只在一部分国家得到应用。我国从罗马尼亚进口的 6G 型电力机车就采用了这种轴箱定位。

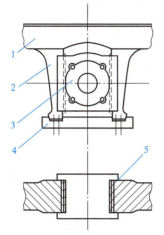

图 4-16　有导框轴箱定位
1—构架侧梁；2—轴箱导框；
3—轴箱；4—托铁；5—衬板

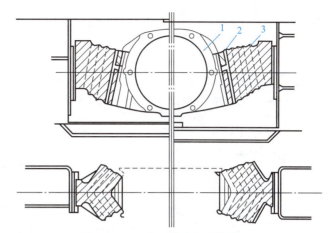

图 4-17　八字形橡胶堆式轴箱定位
1—辅箱；2—金属夹层；3—橡胶元件

（3）拉杆式轴箱定位。拉杆式轴箱定位是目前各国认为比较先进可靠，采用较普遍的一种无导框轴箱定位方式。它最早由法国阿尔斯通公司设计制造出来，所以又称为阿尔斯通式轴箱定位，如图 4-18 所示。

在轴箱体的前后两侧，伸出高低不同的两个轴箱耳，各连接一根轴箱拉杆。通过轴箱拉杆，将轴箱与转向架侧梁下焊装的轴箱拉杆座连接起来。轴箱拉杆两端处装有橡胶套，销子两端有橡胶垫。采用这种带有橡胶关节的轴箱拉杆定位方式，轴箱可以依靠橡胶关节的径向、轴向及扭转弹性变形，实现各方向的弹性位移，使轮对与构架的联系成为弹性联系。适当选择它的横向刚度和纵向刚度，可以显著地改善机车运行的稳定性。一般这种拉杆定位的纵向刚度比八字形橡胶堆式定位的纵向刚度大，更适合传递牵引力、制动力等纵向力的需要。

两个轴箱拉杆的位置高低不同，这种形式叫作双扭动式拉杆机构。其目的是满足轴箱垂向位移的需要。因为拉杆在纵向上刚度很大，伸缩较小，如果将两个拉杆设在同一高度，轴箱的垂向位移势必因拉杆长度不能变化而受到极大的限制。把两个轴箱拉杆安排得一高一低，就可以在拉杆长度不变的条件下允许轴箱上下跳动。不过应注意，在轴箱上下位移时还伴随一定角度的转动，但这种转动是完全无碍的，如图 4-19 所示。

这种轴箱定位的优点：没有磨耗件，不需要润滑，减少了保养工作量；有一定的横向刚度，轮对不能自由横动，有利于改善运行中的蛇形运动，轮缘磨耗较小；轴箱与构架的弹性连接具有缓和冲击和隔声作用；橡胶件起到了降低动作用力、提高运行平稳性的作用，运行中没有噪声；不影响一系弹簧悬挂的单独设计，更易得到推广。但是采用这种方式定位，由于拉杆的约束，使一系弹簧悬挂的刚度有所增加。

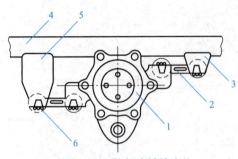

图 4-18　拉杆式轴箱定位
1—轴箱；2—拉杆；3、5—构架拉杆座；
4—构架侧梁；6—螺栓

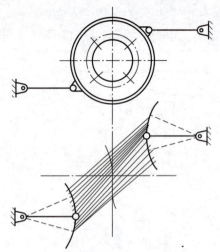

**图 4-19　双扭动式轴箱拉杆
定位轴箱垂向运动规律**

 **任务实施**

任务工单

任务场景	校内实训室		指导教师	
班级			组长	
组员姓名				
任务要求	1. 任务名称：了解机车轮对。 2. 任务目的：了解机车轮对装置，学会利用资源，提高资源整合能力。 3. 演练任务：请同学们查找轮对的组成和各部分的名称			
任务分组	在这个任务中，采用任务分组实施方式，3～5人为一组，通过学生自荐或推荐的方法选出组长，负责本团队的组织协调工作，最后形成任务报告			
任务步骤	1. 请通过查找资料，说说你对轮对的组成和组装的了解。 2. 请分析车轴的受力及破坏。 3. 掌握轮心各部分名称及分类。 4. 掌握轴向定位的分类			
任务反思	请写出你掌握的新知识点，并完成本次任务中的自我评价			

任务评价

任务评价表

序号	评价项目	评价内容	分值	自评 30%	互评 30%	师评 40%	合计
1	职业素养	具有团队合作能力，交流沟通能力，互相协作、分享能力	10				
		主动性强，能保质保量地完成工作页相关任务	10				
		具有精益求精的工匠精神	10				
		能采取多样化手段收集信息、解决问题	10				
2	专业能力	报告的内容全面、完整、丰富	10				
		介绍轮对的组成和组装	10				
		分析车轴的受力及破坏	10				
		掌握轮心各部分名称及分类	10				
		掌握轴向定位的分类	10				
		语言表达准确、严谨，逻辑清晰，结构完整	10				

任务测评

简答题

1．轮对由哪些部分组成？相互间如何组成？怎样保证组装质量？

2．说出车轴、轮心各部分的名称，轮心有哪几种。

3．什么情况下会发生轮箍的崩裂和弛缓？

拓展阅读

拓展阅读

任务四　了解车辆转向架

知识目标

1. 掌握 K4、K5、K6 货车转向架技术特点和参数。
2. 掌握客车转向架的基本作用和要求。

技能目标

1. 能够掌握货车转向架和客车转向架的特点。
2. 可区分不同转向架，并掌握各种转向架的用途。

素养目标

1. 具有良好的职业道德。
2. 具备良好的团队沟通协调能力。
3. 学习传承工匠精神，培养团队协作能力。

任务描述

　　大家都知道，列车由机车（俗称"火车头"）和车辆组成，前面我们已经了解了机车转向架，那大家想想车辆转向架与机车转向架有何不同。带着这个问题，各位同学查找各种货车转向架和客车转向架，然向分组介绍、讨论车辆转向架吧！

相关知识

一、车辆转向架概述

　　车辆走行部设在车底架下部，是承受并传递车辆重量（自重和载重）、缓和振动、保证车辆安全运行的部分。目前，我国铁道车辆的走行部均采用转向架结构。转向架由轮对、轴箱装置、构架（或侧架）摇枕、弹簧减振装置等部件组成。

（一）轮对

两个车轮和一根车轴按规定的压力和尺寸牢固的压装在一起，叫作轮对，如图 4-20 所示。

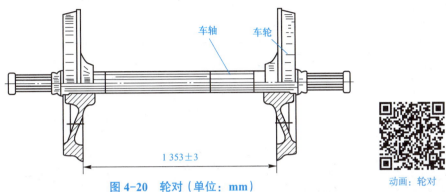

图 4-20　轮对（单位：mm）

动画：轮对

轮对是车辆的重要部件，它承受来自车辆的全部静载荷、动载荷，并传递给钢轨，引导车辆沿钢轨运行，还与钢轨相互作用产生各种作用力。其技术状态的好坏直接影响行车安全，因此对轮对的制造、检修均有严格的要求。首先要求轮对有足够的强度，并具备阻力小和耐磨性强的优点。在尺寸上，要求两车轮内侧面之间的距离必须保证在（1 353±3）mm，新造的要求为（1 353±2）mm。

1. 车轴

铁路车辆所用车轴均为实心轴，通常是用中碳优质钢锻造成的各段直径不同的圆柱体。根据使用的轴承类型不同，车轴可分为滑动轴承车轴（滑动车轴）和滚动轴承车轴（滚动车轴）两种。目前，我国铁道车辆的所有客车和货车均采用滚动车轴，滑动车轴已淘汰。滚动车轴各部位的名称及作用如下，如图 4-21（a）所示。

（1）中心孔。加工车轴和组装、加工轮对时机床顶针孔支点，还可以作为校对轴颈、车轮圆度的中心。

（2）轴端螺栓孔。安装轴承前盖或压板，防止滚动轴承外移窜出，如图 4-21（b）所示。

（3）轴颈。安放轴承，承受垂直载荷。

（4）卸荷槽。便于磨削轴颈时砂轮退刀，起退刀槽的作用，可以减少轴承内圈组装后与此处相互间的接触应力，有利于提高此处的疲劳强度，如图 4-21（c）所示。

（5）轴颈后肩。轴颈与防尘挡圈座间的过渡圆弧，可防止应力集中。

（6）防尘挡圈座。安装防尘挡圈并限制滚动轴承后移。

（7）轮座前肩。防尘挡圈座与轮座之间的过渡圆弧，可防止应力集中。

（8）轮座。车轴的最大受力部分，可固定车轮。

（9）轮座后肩。轮座与轴身之间的过渡圆弧，可防止应力集中。

（10）轴身。车轴中间连接部分。

（11）轴端倒角。轴端部设有 1 ∶ 10 的倒角，其作用是在压装滚动轴承时起引导作用。

（12）制动盘座。用于安装制动盘，该部分只在使用制动盘座的车轴上有，一般 1 根车轴上有 2 个制动盘座，高速转向架车轴上有 3 ～ 4 个制动盘座。

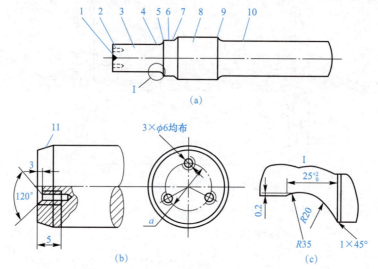

图 4-21　滚动轴承车轴（单位：mm）

（a）滚动车轴；（b）轴端螺栓孔；（c）卸荷槽

1—中心孔；2—轴端螺栓孔；3—轴颈；4—卸荷槽；5—轴颈后肩；6—防尘挡圈座；

7—轮座前肩；8—轮座；9—轮座后肩；10—轴身；11—轴端倒角

2. 车轮

车轮是车辆直接与钢轨接触的部分，它将车辆的载荷传给钢轨，并在钢轨上滚动，使车辆运行。

我国车辆现在全部使用钢质整体车轮，如图 4-22 所示。车轮各部分名称及功用如下：

（1）轮缘。车轮踏面内侧的径向圆周凸起部分，为保持车轮在轨道上运行不至脱轨而设。

（2）踏面。车轮与轨面相接触的外圆周面，其与轨面在一定摩擦力下完成滚动运行。

（3）轮辋。车轮具有完整踏面的径向厚度部分。

（4）辐板。轮辋与轮毂的板状连接部分。

（5）轮毂。车轮紧固车轴的部分，为车轮整个结构的主干与支承。

（6）轮毂孔。安装车轴的孔。

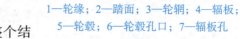

图 4-22　整体车轮

1—轮缘；2—踏面；3—轮辋；4—辐板；

5—轮毂；6—轮毂孔口；7—辐板孔

（7）辐板孔。辐板上的两个圆孔，为便于加工、吊运轮对而设（但新装备客货车辆的"提速轮"不设辐板孔，以克服车轮质量分布不均衡对提速的不利影响）。

为了使车轮能在钢轨上高速平稳地运行，并顺利地通过曲线和道岔，对轮缘及踏面外形尺寸有严格规定，其几何形状如图 4-23（a）所示。轮缘一侧垂直面因其运行时是在轨道内侧，故称为车轮内侧面，另一侧的垂直面则称为外侧面。内侧面至外侧面的距离称为轮辐宽度，新造标准车轮的轮辐宽度为 135 mm。距车轮内侧面 16 mm 处是轮缘的顶点，通过距车轮内侧面 48 mm 的踏面上的一点画一水平线，这条线称为测量线。由测量线向上测量 25 mm，此为轮缘高度。由轮缘顶点向下 15 mm 所做的水平线交轮缘外侧一点，这点至车轮内侧面的距离为轮缘厚度（32 mm）。

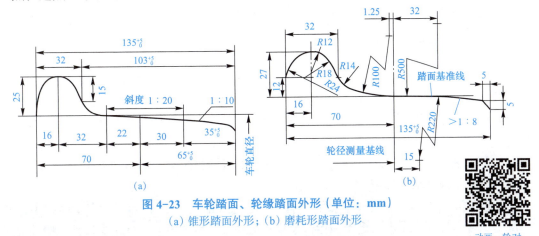

图 4-23　车轮踏面、轮缘踏面外形（单位：mm）
（a）锥形踏面外形；（b）磨耗形踏面外形

动画：轮对
踏面形状

在踏面上距内侧面 70 mm 处的一点称为基点，基点处的圆称为滚动圆，滚动圆的直径为车轮直径。我国货车标准车轮直径为 840 mm，客车标准车轮直径为 915 mm。由基点向内侧 22 mm、向外侧 30 mm，共 52 mm 的踏面上设有 1∶20 的斜度。踏面外端 35 mm 长的一段设有 1∶10 的斜度，使车轮踏面成为两个不同锥度的截顶圆锥体（锥形踏面），也就是内侧踏面的直径大于外侧踏面的直径。

踏面设斜度的理由如下：

（1）使车辆顺利通过曲线，并减少车轮在钢轨上的滑动。车辆运行在曲线上时，由于惯性作用使轮对靠向外轨，在外轨滚动的车轮与钢轨接触部分的直径较大，沿内轨滚动的车轮与钢轨接触部分的直径较小，轮对滚动后，恰好和曲线路外轨长内轨短的情况相适应，使车辆顺利通过曲线，同时减少踏面在轨面上的滑行。

（2）在直线上运行时，使车辆的复原性好。由于踏面上设有斜度，为了使轨面与踏面接触良好，钢轨设有轨底坡。因此，车辆在直线上运行时，轨面对踏面的作用力是倾向于线路中心的，其水平分力具有使轮对处在线路中央的作用。这样，轮对就不容易被横向力推动。即使轮对被横向力推向轨道一侧，由于踏面有斜度，也容易恢复到线路中央位置。

锥形踏面已沿用多年，在长期使用过程中，发现其外形与钢轨头部断面形状不匹配，造成运用初期轮缘、踏面及钢轨磨耗快及车轮使用寿命短等问题。针对这些问题，有关部门对踏面外形和钢轨头部断面形状进行了大量的研究和试验，设计制造了磨耗形（即 LM 形）踏面，并于 1984 年开始，逐步在全路车辆上推广使用。

磨耗形踏面的几何形状如图 4-23（b）所示。与锥形踏面相比，主要不同之处在于，

该踏面采用由 3 段弧线（$R100$ mm、$R500$ mm 及 $R220$ mm）圆滑连接成的一条曲线和斜度为 1：8 的一段直线所组成的几何图形，并具有非线性的等效斜度特性。

采用磨耗形踏面，踏面与钢轨头部几何外形具有最佳匹配关系，从而可显著减少轮缘磨耗（减少 30%～70%），延长车轮与钢轨的使用寿命，还减少踏面圆周磨耗（约减少 20%），降低轮轨接触应力，有利于提高轴重，发展重载列车；而且磨耗形踏面等效斜度较大（在滚动圆附近为 0.15，而锥形踏面为 0.05），且斜度值是非线性变化的，更有利于车辆顺利通过曲线，降低列车在曲线上的运行阻力。

（二）轴箱装置

轴箱装置是转向架的重要组成部分之一。其作用：连接轮对与侧架（或构架），保持轴颈与轴承的正常位置；将车体重量传给轮对；润滑高速转动的轴颈，减少摩擦，降低运行阻力，防止热轴；防止沙尘、雨水等异物进入轴承及轴颈等部分，保证车辆安全运行。

轴箱装置按其轴承形式不同，可分为滚动轴承轴箱装置和滑动轴承轴箱装置两种。本书主要介绍滚动轴承轴箱装置。

滚动轴承轴箱装置的主要特点：可降低车辆启动阻力和运行阻力，在牵引力不变的情况下，可以提高列车牵引重量和运行速度；滚动轴承承载均匀，可减少热轴、燃轴等惯性事故；滚动轴承密封严密，所用的润滑脂不易甩出和挥发，因而可以节省润滑油并减轻日常维修工作，延长了检修周期。

滚动轴承一般由外圈、内圈、滚子和保持架等组成，其中主要的是滚子。根据滚子形状的不同，滚动轴承可分为圆柱滚动轴承、圆锥滚动轴承和球面滚动轴承三种；根据滚子的排列方式不同，滚动轴承分为单列式滚动轴承和双列式滚动轴承两种。

在铁路客车上，主要使用单列圆柱滚动轴承；在铁路货车上，使用双列圆锥滚子轴承和单圆柱滚动轴承。下面对货车滚动轴承轴箱装置予以简述。

1. 有轴箱体滚动轴承轴箱装置

轴箱体内装有两个单列圆柱滚动轴承，其内圈紧固在轴颈上。轴承外圈与轴箱体之间有很小的间隙。轴箱体上设有前盖和后盖，在轴箱后盖的梯形槽内设有防尘毡垫。在车轴端部螺纹部分设紧定螺母，以固定轴承的位置。此种滚动轴承轴箱装置仅在少数货车上使用，如图 4-24 所示。

2. 无轴箱体滚动轴承轴箱装置

目前，我国铁路货车广泛采用无轴箱体滚动轴承轴箱装置，它由密封式双列圆锥滚子轴承、前盖、后挡以及承载鞍等组成。

（1）双列圆锥滚子轴承。货车用密封式双列双内圈圆锥滚子轴承，由外圈、内圈、圆锥滚子、保

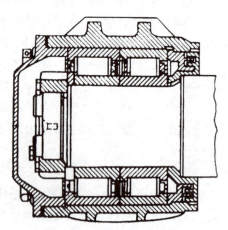

**图 4-24　货车有轴箱体滚动
轴承轴箱装置**

持架、中隔圈、润滑脂和密封装置组成。其中，两个内圈分别与滚子、保持架组合在一起，形成两套内圈、滚子组件，组装时用中隔圈隔开。这两套组件均可以与外圈分离。轴承的两个内圈压装在轴颈上，当车轴转动时，内圈随车轴转动，并带动滚子在内、外圈之间滚动。在轴承的两端各设一套由密封座、密封圈、密封罩组成的密封装置，其作用是防止轴承内部油脂外泄和外部尘、沙、雨、雪等内侵。这种滚动轴承既能承受径向载荷，又能承受轴向载荷，两端带有密封装置，不需要油箱，有利于简化结构，减轻重量。

（2）前盖。前盖形上有 3 个 M22 的螺栓孔，用螺栓将其固定在车轴端部，作为轴承前端主要支承，压紧外侧密封座。车辆运行时，因前盖随车轴转动，所以前盖又称为旋转端盖。前盖上的凸檐可保护密封罩免受石渣等杂物碰击。

（3）后挡。后挡压装在车轴的防尘板座上。凸檐盖住密封罩后端，起保护作用。在后挡上有一个通气孔，用于安放通气栓。通气栓上部为橡胶件，其顶面有一调压缝，在正常情况下调压缝是闭合的，当轴承内温度发生变化或油脂过多，轴承内压力超过规定压力时，调压缝就张开排气或排出多余的油脂。

（4）承载鞍。承载鞍是无轴箱体滚动轴承与转向架侧架的连接部件，与轴承外圈的配合面作成圆弧面，其形状如图 4-25 所示。其顶部制成 $R2\ 000$ mm 的圆弧面，使车体传来的载荷集中在圆弧面的中部，然后平均分布到轴承及轴颈上，防止偏载热轴。其两侧的导框槽与侧架的导框配合，并控制轮对的纵横移动。

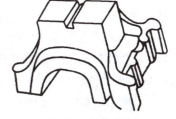

图 4-25 承载鞍

二、货车转向架

（一）转 K4 型转向架

2001 年，为满足铁路连续大提速的需求，在引进美国 NACO 公司的 Swing Montion 型转向架的基础上，我国结合铁路运输的具体情况研制开发了转 K4 型转向架。

转 K4 型转向架在传统三大件式转向架基础上增加了一个弹簧托板，把左右承载弹簧连接在一起，并通过摇动座坐落在侧架中央承台的支承座上，形成下摆点，同时左右侧架通过其导框顶部的导框摇动座分别支承在前后承载鞍上，形成上摆点。两侧架通过上、下摆点连接成为横向可同步摆动的吊杆，并与弹簧托板铰接形成一个矩形的摆动机构（图 4-26），在车辆运行时实现横向摆动。摆动机构降低了转向架悬挂系统的横向刚度，增加了转向架的抗菱刚度，从而提高了车辆的横向动力学性能和临界速度，降低了轮轨间的磨耗，使商业运营速度达到了 120 km/h 的要求。

转 K4 型转向架采用 D 轴轮对，轴重 21 t，主要用在载重 60 t 级的铁路货车上。2006 年，我国停止生产载重 60 t 的货车，该型转向架也相应停止生产，本书不再做进一步介绍。

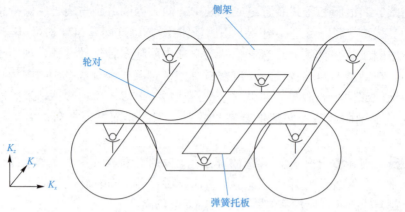

图 4-26　摆动式转向架摆动机构示意

（二）转 K5 型转向架

2003 年，为满足铁路货车"提速、重载"的需求，在转 K4 型转向架的基础上，研制开发了转 K5 型转向架，其主要部件（如侧架、摇枕、弹簧托板、摇动座、摇动座支承、弹簧、减振装置、轮对、轴承等）的结构设计与转 K4 型转向架类似。转 K5 型转向架与转 K4 型转向架的不同之处在于，车轴采用 E 轴、轴距增大至 1 800 mm、弹簧托板由直边形改为鱼腹形压件、摇枕一端增加 2 组承载弹簧、采用直径 375 mm 下心盘、摇枕和侧架加大断面以满足 25 t 轴重强度的要求等。

转 K5 型转向架（图 4-27、图 4-28）适用于在标准轨距铁路上运用的载重为 70 t 级的各型铁路货车、载重为 76 t 和 80 t 的各型运煤专用敞车及其他总质量为 100 t 的铁路专用货车。

图 4-27　转 K5 型转向架

1. 主要技术特点

（1）转 K5 型转向架结构上属于铸钢三大件式转向架，具有结构简单、车轮均载性好、检修维护方便等优点。

（2）该转向架采用了类似客车转向架的摇动台摆式机构，使转向架横向具有两级刚度特性，大大增加了车辆的横向柔性，提高了车辆的横向动力学性能，降低了轮轨间的磨耗，提高了车辆的运行品质。

（3）提高了车辆脱轨安全性。由于摆动式转向架摇枕挡位置下移，使侧滚中心降低，对侧滚振动控制加强，有效地减小了爬轨和脱轨的可能性，尤其是对高重心的货车，大大提高了其脱轨安全性。

（4）该转向架具有高的耐久性和可靠性。经美国和加拿大运用实践表明，该转向架运用寿命长，维修工作量小，可运营 160 万千米免检修。

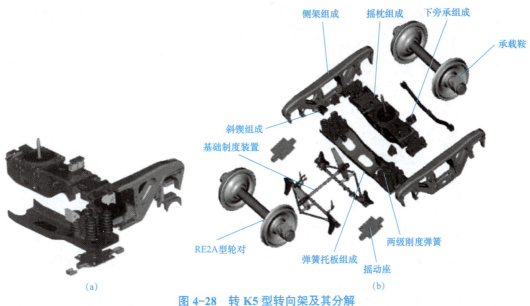

图 4-28 转 K5 型转向架及其分解

（a）转 K5 型转向架；（b）转 K5 型转向架分解

2. 主要技术参数

转 K5 型转向架主要技术参数见表 4-3。

表 4-3 转 K5 型转向架主要技术参数

项目	参数
轴重 /t	25
自重 /t	≤ 4.7
轨距 /mm	1 435
轮型	HEZB 或 HESA
轮径 /mm	840
车轮踏面形状	LM 磨耗形踏面
轴型	RE2B 型
轴承	353130B
基础制动装置动倍率	4
心盘允许载荷 /kN	443.94
通过最小曲线半径 /m	145
限界	符合《标准轨距铁路限界 第 1 部分：机车车辆限界》(GB 146.1—2020) 的要求
商业运行速度 / (km · h⁻¹)	120
固定轴距 /mm	1 800
轴颈中心距 /mm	1 981

续表

项目	参数
旁承中心距 /mm	1 520
下心盘直径 /mm	$\phi 375$
下心盘面（含心盘衬垫）距柜面自由高 /mm	703
下心盘面至弹性旁承顶面距离自由高 /mm	83
侧架上平面距柜面高 /mm	765
侧架下平面距柜面高 /mm	160

3. 主要结构特点

转 K5 型转向架主要由轮对和轴承装置、摇枕、侧架、弹性悬挂系统及减振装置、基础制动装置、常接触式弹性旁承及横跨梁等组成。该型转向架也采用了独特的弹簧托板、摇动座等结构，使之具有更好的横向性能及其他优点。

（1）轮对与轴承。转 K5 型转向架采用 RE2B 型轮对和 353130A、353130B、353130C 紧凑型滚动轴承型，车轮为新结构轻型铸钢车轮（HEZB）或整体辗钢车轮（HESA），车轴为 RE2B 型车轴。

（2）侧架组成。侧架材质为 B 级钢，侧架立柱滑槽磨耗板材质为 45 号钢与侧架滑槽磨耗板材质均为 47Mn2Si2TiB 或 T10，侧架立柱磨耗板用两个 ZT 型平头折头螺栓紧固于侧架立柱面上，导框摇动座为合金钢锻件，用固定片固定于侧架导框处。侧架立柱磨耗板、ZT 型平头折头螺栓及防松螺母均与转 K4 型转向架通用（图 4-29）。

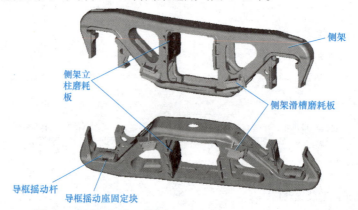

侧架

侧架立柱磨耗板

侧架滑槽磨耗板

导框摇动杆

导框摇动座固定块

图 4-29　侧架组成三维图

（3）承载鞍。承载鞍顶面为经硬化处理的弧面，与导框摇动座组合成为摆动机构的上摆点，使侧架像吊杆一样具有摆动的功能，提高车辆的横向性能。鞍面尺寸与轴承相匹配，其余按 AAR 标准设计制造，材质为 C 级钢（图 4-30）。

（4）摇枕组成。摇枕和下心盘材质均为 B 级钢，下心盘直径为 375 mm，内有材质为含油尼龙的心盘磨耗盘，心盘螺

图 4-30　承载鞍三维图

母采用 10 级 BY-A24 或 BY-B24 防松螺母，配套螺栓采用《六角头螺杆带孔螺栓》（GB/T 31.1—2013）规定的螺栓，螺栓强度为 10.9 级。摇枕八字面采用不锈钢磨耗板，材质为 0Cr18Ni9，与转 K4 型转向架磨耗板通用。摇枕下部铸出两块三角形挡，其与弹簧托板上的挡块配合，限定了摇枕的最大横向位移，防止摇枕串出，起到安全挡的作用（图 4-31）。

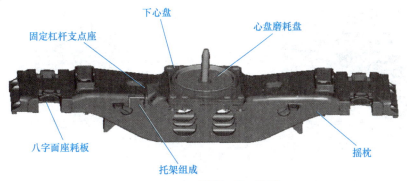

图 4-31　K5 摇枕组成三维图

（5）弹簧托板、摇动座与摇动座支承。摇动座与弹簧托板用折头螺栓、防松螺母紧固，弹簧悬挂系统在弹簧托板上。摇动座支承在侧架中央方框下弦杆的腔形结构中，摇动座与摇动座支承的接触面采用圆弧形结构，两圆弧形成滚动副，使侧架具有摆动的功能。弹簧托板为高强度钢压型件，板厚为 10 mm。摇动座与摇动座支承均沿用美国 ABC-NACO 公司的标准件，摇动座为 E 级钢铸件，摇动座支承为合金钢锻件，且摇动座支承、折头螺栓及防松螺母与转 K4 型转向架通用（图 4-32、图 4-33）。

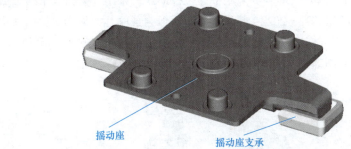

图 4-32　K5 摇动座与摇动座支承三维图

图 4-33　K5 弹簧托板组成三维图

（6）弹簧悬挂系统及减振装置。每侧弹性悬挂系统及减振装置由两个斜锲、两组减

振弹簧、六组承载弹簧组成。减振弹簧与承载弹簧均是两级刚度的，使空车、重车分别对应不同的空、重两级刚度，空车和重车都有优良的动力性能。斜锲由材质为奥贝球墨铸铁的斜锲体及材质为高分子复合材料的摩擦板组成。转 K5 型转向架的减振内圆弹簧和斜楔组成均与转 K4 型转向架通用（图 4-34、图 4-35）。弹簧几何参数见表 4-4。

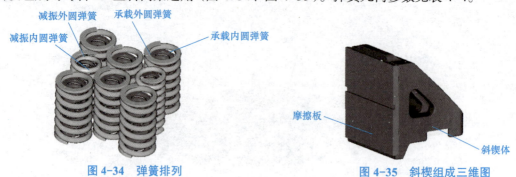

图 4-34　弹簧排列　　　　　　　　　　图 4-35　斜楔组成三维图

表 4-4　弹簧几何参数

弹簧类型	簧条直径 /mm	弹簧中径 /mm	有效圈数	自由高 /mm	每转向架数量
承载外簧	23	127	5.96	269	12
承载内簧	20	78	7.09	234	12
减振外簧	21	105	6.45	269	4
减振内簧	17	64	8.32	232	4

（7）基础制动装置。基础制动装置采用中穿拉杆形式，采用《铁路货车高摩擦系数合成闸瓦暂行技术条件》（TJ/CL 592—2022）批准的新型高摩合成闸瓦，采用奥贝球铁耐磨销套及相应圆销，固定杠杆与固定杠杆支点座之间用链蹄环连接，以利于侧架、摇枕的摆动，采用《铁路货车转向架 组合式制动梁》（TB/T 1978—2018）批准的组合式制动梁，如图 4-36 所示。

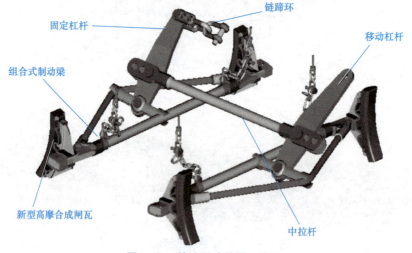

图 4-36　基础制动装置三维图

（8）下旁承组成。下旁承组成采用与转 K4 型转向架通用的常接触橡胶弹性旁承。下旁承组成由旁承体组成、调整垫板、纵向锁紧斜铁组成，其中旁承体组成又由旁承体上部、旁承体下部、锥套形橡胶层、铆钉、旁承摩擦板等组成（图 4-37）。

旁承体上部

锥套形橡胶层

纵向锁紧斜铁

旁承摩擦板

旁承体下部

调整垫板

图 4-37 下旁承组成三维图

（9）横跨梁组成。横跨梁为 50 mm×50 mm×3 mm 的方钢管压型件，中间焊有不锈钢磨耗板，两端分别落在横跨梁托上，横跨梁托焊在侧架上（图 4-38）。

横跨梁

磨耗板

横跨梁托（2）

横跨梁托（1）

图 4-38 横跨梁组成三维图

（三）转 K2、转 K6 型货车转向架（交叉支撑式转向架）

1. 转 K2 型转向架

1998 年，为满足铁路大提速的需求，从美国标准转向架公司引进侧架下交叉支撑技术并在转 8A 型转向架上应用试验后，借鉴其成功经验再经消化吸收再创新，研制开发了适应我国铁路运行条件的新型下交叉支撑转向架，定名为转 K2 型转向架。

转 K2 型转向架原理是在三大件转向架基础上在两侧架之间加装弹性交叉杆支撑装置（图 4-39）。该转向架继承了原有三大件式货车转向架结构简单、维修方便、对扭曲线路适应能力强的特点，又因为增加架具有一定的恢复正位能力，当年曾创下 138 km/h 的最高试验速度。

转 K2 型转向架采用 D 轴轮对，21 t 轴重，是我国载重 60 t 级铁路货车的主型转向架。随着铁路货车载重升级换代步伐加快，2006 年，除 X6K、SQ5 等个别车型外，我国基本停止了转 K2 型转向架的新造，2008 年年底，已经全面停止在新造铁路货车上装用转 K2 型转向架。

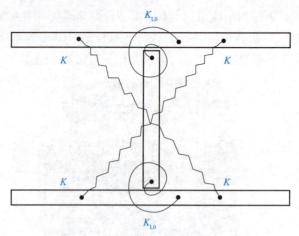

图 4-39 交叉支撑式转向架抗菱形变形原理

2. 转 K6 型转向架

转 K6 型转向架的结构原理和结构设计与转 K2 型转向架类似。转 K6 型转向架与转 K2 型转向架的不同之处：车轴采用 E 轴；轴距增大至 1 830 mm；摇枕一端 2 组承载弹簧；采用直径为 375 mm 的下心盘；摇枕和侧架加大断面以满足 25 t 轴重强度的要求；在承载鞍和侧架之间加装了橡胶弹性剪切垫，实现了轮对的弹性定位、导框的无磨耗。

2006 年 1 月 1 日，转 K6 型转向架在全路全面推广应用，到 2009 年年底，装车约 13 万辆，已经成为我国 25 t 轴重专用货车和 23 t 轴重通用货车的主型转向架。

（1）主要技术特点。转 K6 型转向架结构及分解如图 4-40、图 4-41 所示。

图 4-40 转 K6 型转向架结构

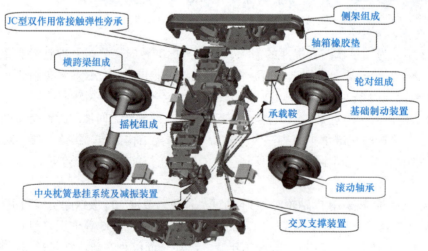

图 4-41 转 K6 型转向架分解

转 K6 型转向架是铸钢三大件式货车转向架，它有如下特点。

1）一系悬挂采用轴箱弹性剪切垫。

2）二系悬挂采用带变摩擦减振装置的中央枕簧悬挂系统，摇枕弹簧刚度为二级刚度。

3）两侧架之间加装侧架弹性下交叉支撑装置。

4）采用直径为 375 mm 的下心盘，下心盘内设有尼龙心盘磨耗盘。

5）采用 JC 型双作用常接触弹性旁承。

6）装用 25 t 轴重双列圆锥滚子轴承，采用轻型新结构 HEZB 型铸钢车轮或 HESA 型辗钢车轮；基础制动装置为中拉杆式单侧闸瓦制动装置，采用 L-A 或 L-B 型组合式制动梁，新型高摩合成闸瓦。

（2）主要技术参数（表 4-5）。

表 4-5　转 K6 型转向架主要技术参数

项目	参数
轨距 /mm	1 435
轴重 /t	25
轴型	RE2A 或 RE2B
自重 /t	4.8
商业运行速度 /（km·h⁻¹）	120
通过最小半径（限速）/m	145
固定轴距 /mm	1 830
轴颈中心距 /mm	1 981
旁承中心距 /mm	1 520
空车心盘到轨面高（心盘载荷 65.7 kN）/mm	680
下心盘面到下旁承顶面距离 自由状态 /mm	92
下心盘面到下旁承顶面距离 工作状态 /mm	83
车轮直径 /mm	840
游动杠杆自由端与铅垂面夹角 /（°）	53
基础制动装置制动倍率	4

（3）主要结构特点。

1）轮对与轴承。采用 RE2B 型轮对和 353130A、353130B、353130C 紧凑型滚动轴承型，车轮为新结构轻型铸钢车轮（HEZB）或整体辗钢车轮（HESA），车轴为 RE2B 型车轴，材质为 LZW50 钢。

2）轴箱橡胶垫组成（图 4-42）。转 K6 型

图 4-42　轴箱橡胶垫组成

转向架轴箱一系加装了内八字橡胶弹性剪切垫，实现轮对的弹性定位，减小转向架簧下质量，隔离轮轨间高频振动。轴箱橡胶垫组装时，导电铜线在转向架内侧。

3）中央悬挂系统。转 K6 型转向架中央悬挂系统由 12 个承载外圆弹簧①、2 个承载外圆弹簧②和 14 个承载内圆弹簧、4 组双卷减振弹簧组成。承载外圆弹簧①比承载内圆弹簧高 23 mm，承载外圆弹簧②与承载内圆弹簧同高。空车时仅承载外圆弹簧①承载，重车时承载外圆弹簧①压缩到一定程度后由承载外圆弹簧①、承载外圆弹簧②、承载内圆弹簧共同承载，实现空重两级刚度。减振弹簧高于承载弹簧。为了便于识别，承载外圆弹簧②涂黄色厚浆醇酸漆。各弹簧的具体几何参数见表 4-6。

表 4-6　弹簧几何参数

弹簧类型	簧条直径 /mm	弹簧中径 /mm	有效圈数	自由高 /mm	每转向架数量
承载外簧①	24	115	5.75	252	12
承载内簧	16	66	9	229	14
减振外簧	20	106	6.5	262	4
减振内簧	12	65	10.2	262	4
承载外簧②	24	115	5.75	229	2

4）侧架组成。侧架组成结构如图 4-43 所示。支撑座通过沿侧架大体中心线上下两条焊缝焊接在侧架上，组装位置必须用专用组焊工装保证，配合面允许打磨修配；立柱磨耗板通过 4 个折头螺栓与侧架立柱紧固。

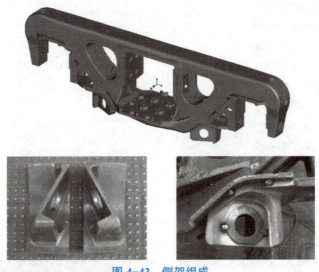

图 4-43　侧架组成

5）减振装置。转向架减振结构为斜楔式变摩擦减振装置，由侧架立柱磨耗板、组合式斜楔、斜面磨耗板、双圈减振弹簧组成。减振弹簧比承载外圆弹簧高 10 mm。

6）摇枕组成（图 4-44）。转 K6 型转向架摇枕由固定杠杆支点座、摇枕、下心盘、斜面磨耗板组成，摇枕材质为 B 级钢，下心盘螺栓为《六角头螺杆带孔螺栓》（GB/T

31.1—2013）的 M24 螺栓（强度等级 10.9 级），螺母为 BY-B、BY-A、FS 型防松螺母（强度等级 10 级）。

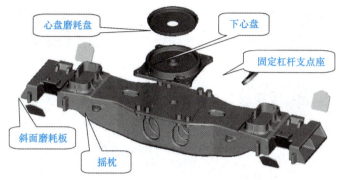

心盘磨耗盘

下心盘

固定杠杆支点座

斜面磨耗板

摇枕

图 4-44　转 K6 型转向架摇枕组成

7）基础制动装置（图 4-45）。转 K6 型转向架基础制动装置由左右组合式制动梁、中拉杆、固定杠杆组成、固定杠杆支点、游动杠杆组成、高摩合成闸瓦、各种规格的耐磨销套组成。

游动杠杆组成

中拉杆

组合式制动梁

新型高摩合成闸

固定杠杆支点

固定杠杆组成

图 4-45　基础制动装置

8）侧架弹性下交叉支撑装置（图 4-46）。转 K6 型转向架下交叉支撑装置由 1 个下交叉杆、1 个上交叉杆、2 个 U 形弹性垫、1 个 X 形弹性垫、2 个交叉杆扣板、8 个橡胶垫、4 个双耳垫圈、4 个锁紧板、4 个紧固螺栓组成。在上、下交叉杆中部采用 2 个交叉杆扣板、2 个 U 形弹性垫、1 个 X 形弹性垫进行组装，利用 2 组 M12 螺栓、螺母、垫圈将扣板紧固，同时把螺母用电焊点固，上、下扣板间有 4 处塞焊点和两条平焊缝，把上、下交叉杆点固成一个整体。

交叉杆组装顺序：先安装上、下交叉杆，在支撑座两侧安装橡胶垫，安装锁紧板、标志板、双耳垫圈，紧固端部螺栓，其紧固力矩为 675 ~ 700 N·m；然后将交叉杆中部上、下夹板用螺栓、螺母、垫圈紧固，把螺母用电焊点固，焊接塞焊点和平焊缝，把双耳垫圈的两个对称止耳撬起，使其紧贴螺栓六方头的侧面上；最后安装安全索。

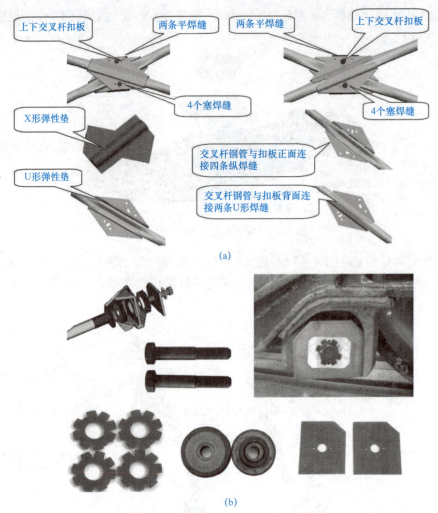

图 4-46 侧架弹性下交叉支撑装置
（a）侧架弹性下交叉支撑装置；（b）轴向橡胶垫组成

　　在原中部焊接交叉杆的基础上，创新研制了 U 形非金属元件，取消了交叉杆体与扣板间的纵向焊缝和 U 形焊缝，采用拉铆钉连接，实现了交叉杆中部无焊接，在不变转向架性能参数的情况下，大大提高了交叉支撑装置运用的可靠性和安全性。理论分析和疲劳试验结果表明，改进后的交叉杆寿命可达到 500 万 km 以上，能够满足 25 年的使用要求。

　　9）双作用常接触弹性旁承（图 4-47）。转 K6 型转向架采用了 JC 型双作用弹性旁承，增加转向架与车体之间的回转阻力矩，提高了转向架高速运行的稳定性。

　　JC 型双作用弹性旁承由弹性旁承体、旁承磨耗板、旁承座、滚子、滚子轴、调整垫板、垫片等零部件组成，旁承磨耗板顶面到滚子顶面的距离为 14 mm。

　　10）横跨梁组成。为满足空重车自动调整装置的需要，在 2 位转向架固定杠杆端安装横跨梁组成。横跨梁组成由左横跨梁托、横跨梁、右横跨梁托、调整板、磨耗垫板、跨梁底座组成。

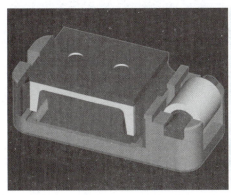

图 4-47 双作用常接触弹性旁承

三、客车转向架

（一）客车转向架简介

铁路客车是用来运送旅客和为旅客服务的，少数客车具有特殊用途。铁路客车运行中既要求安全正点又要做到方便舒适，所以对客车转向架的要求比货车转向架更严格。转向架担负着走行任务，同时承受各种载荷，在具有足够的强度的同时，还要有良好的运行平稳性和舒适性，能够将旅客安全、快速、平稳、舒适地送到他们的目的地。

客车转向架应满足以下要求。

（1）客车转向架应具有符合速度要求的运行安全性、平稳性、舒适性和良好的曲线通过性能，并且要符合有关国家及铁路部门制定的各项标准。

1）采用柔软的弹簧，以改善和提高客车在垂直方向的动力性能。一般客车转向架的弹簧静挠度应当大于 170 mm，因此客车转向架通常采用两系弹簧。在轴箱与构架之间设轴箱弹簧，这称为一系悬挂弹簧；在构架和摇枕（或车体）间设摇枕弹簧，该弹簧称为中央弹簧或二系悬挂弹簧。

2）专门设置横向弹性复原装置和减振装置，以改善和提高客车的横向动力性能。同时，为了抑制转向架在线路上的蛇形运动，客车转向架通常采用各种形式的轴箱弹性定位装置。

（2）转向架各零部件应有足够的强度和适宜的刚度，以保证安全性和一定的使用寿命。

（3）尽量实现转向架轻量化，尤其是减少簧下质量，进一步实现车体轻量化，减少运行阻力。

（4）尽量降低轮轨之间的作用力，减少轮轨磨耗及各部位的磨耗，从而提高运行稳定性，减少维修工作量。

（5）应具有降低噪声、吸收高频振动的能力，从而提高舒适性和减少环境污染。

（6）应具有良好的制动性能，从而保证运行中平稳地减速及在规定的距离内安全停车。

（7）积极开发、采用新技术、新材料、新工艺，以提高产品质量。

（8）尽可能实现零部件通用化、标准化和产品系列化，以降低成本，提高检修效率。

（9）结构应简单，运行安全可靠，检修方便，制造容易，成本低。

（二）客车转向架基本作用与要求

客车转向架大体上可分为轮对轴箱弹簧装置、中央弹簧悬挂装置、构架、基础制动装置、支承车体装置及其他装置等部分。由于客车的车型不同和车辆性能等方面的差别，各型转向架在结构上都有一定的不同。

1. 客车转向架基本作用

（1）能够减少车辆运行阻力。

（2）能够减少车体在线路高低不平处的垂直位移。

（3）可以安装多系弹簧及减振器，保证车辆有良好的运行品质，以适应行车速度提高。

（4）容易从车体下推出，便于各零部件检修。

（5）能够传递和放大制动缸产生的制动力，使车辆具有良好的制动效果。

（6）支承车体并将车体上的各种作用力和载荷传递给钢轨。

2. 快速客车对转向架的要求及其发展趋势

（1）降低轴重，尤其是减少簧下质量（采用空心车轴及轻型车轮等），以减少轮轨之间垂向作用力。

（2）尽力采取各种措施，降低蛇形运动频率，延长蛇形运动波长以保证高速客车有较高的失稳临界速度。同时，还要兼顾车辆的曲线通过能力，减少轮轨之间的横向作用力。当然，两者之间相互矛盾，需要进行合理的协调。

（3）为了使高速运行的车辆具有良好的运行平稳性，应具有前瞻性，以超临界的观点进行设计和选择有关参数。

（4）在高速转向架中广泛采用空气弹簧和橡胶件，以降低噪声和隔离、吸收高频振动。同时，尽量形成相关零部件之间的无磨耗接触，以减少磨耗，延长使用寿命和便于维修。研究轮轨噪声的成因，并采取相应措施防止、减少噪声的污染。

（5）为了使高速运行中的列车能在规定的距离内安全停车，转向架基础制动装置在传统的双侧闸瓦踏面制动的基础上，采用盘形制动、磁轨制动、电阻制动、再生制动等方式，改善制动性能，提高制动功率。根据需要确定采取单一式还是复合式，在制动装置中采用防滑装置。

（三）客车转向架现状及发展趋势

目前现场使用的各型转向架中，最早的当数 202 型转向架。它是由原四方机车车辆厂（现中车青岛四方机车车辆股份有限公司）于 1958 年设计、1959 年批量生产，中间从 202 原型、202A、202B、202C 到 1972 年 202 定型的无导框 C 轴转向架，其构造速度 120 km/h，具体结构包括 H 形铸钢构架、导柱式轴箱定位装置、摇动台式中央弹簧悬挂装置、两系弹簧全为金属螺旋圆弹簧，二系采用油压减振器，基础制动装置采用吊挂式。这种转向架长期以来作为主型转向架运用于我国铁路客车上，于 1988年 9 月停产。

20 世纪 70 年代，分别由原四方机车车辆厂和原浦镇车辆厂设计制造了 206 型和 209型转向架。

206 型转向架是 1971 年设计制造的 D 轴转向架，它采用 U 形构架、干摩擦导柱式轴箱定位装置、摇枕与弹簧承台间带横向拉杆的小摇动台式中央弹簧悬挂装置、双片吊环式单节长摇枕吊杆外侧悬挂及吊挂式基础制动装置。其间，于 1986 年，在 206型基础上研制了 206W 型转向架，1989 年研制了 206G 型转向架，20 世纪 90 年代初又研制出 206KP、206WP 型准高速转向架，用于广深线运行的 25Z 型客车。1997 年，在 206KP、206WP 型基础上研制、开发了 SW-160 型转向架，用于 25K 型快速车。2004 年，研究、开发了持续运行速度 160 km/h 的 SW-220K 型转向架，用于 25T 型提速客车上。

209 型转向架是原浦镇车辆厂于 1972 年在 205 型转向架基础上研制出的 D 轴转向架，1975 年批量生产。它采用 H 形构架、导柱式轴箱定位装置、摇动台式中央弹簧悬挂装置、长摇枕吊杆外侧悬挂及吊挂式基础制动装置。1980 年，在其基础上制造了具有弹性定位套的轴箱定位装置及具有纵向牵引杆装置的 209T 型转向架。20 世纪 80 年代中期，为了提速，在 209T 型基础上研制了最高运行速度 140 km/h 的 209P 型转向架。1988年，为第二代双层客车研制了 209PK 型转向架。20 世纪 90 年代初，又为准高速客车开发了 209HS 型转向架（但由于 209HS 型转向架安全储备量不够，多次发生危及行车安全的故障被铁路主管部门于 20 世纪 90 年代后期下令停产）。从 20 世纪 90 年代中期开始，我国各客车厂陆续为动车组制造了 CW-D/T、CW-200D、DDB-1、DTB-2、SW-300、CW-300 和 PW-250M/T 等转向架，用于最高运行速度 180 ～ 300 km/h 的国产动车组。

（四）209 系列客车转向架

209 型转向架自 1972 年定型、1975 年批量生产以来，经过不断改进和发展，已形成 209T 型（T 表示踏面制动）、209P 型（P 表示盘形制动）、209PK 型（K 表示空气弹簧）、209HS 型（High-Speed 英文简写，高速）、PW-200 型（P 表示浦镇，W 表示工厂）等系列，209 型转向架主要由构架装置、摇枕弹簧悬挂装置、轮对轴箱弹簧装置和基础制动装置及发电机轴端三角皮带传动装置等组成。

1. 209T 型转向架

209T 型转向架的结构如图 4-48 所示。209T 型转向架与传统的 209 型转向架相比，其改进设计的重点是用纵向牵引拉杆结构代替了传统的纵向摇枕挡，从而提高了转向架的运行性能。

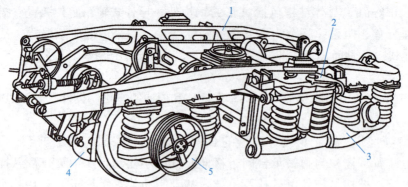

图 4-48　209T 型转向架结构

1—构架；2—轮对轴箱弹簧装置；3—摇枕弹簧装置；4—基础制动装置；5—发电机皮带传动装置

2．209T 型转向架的主要技术特点

（1）采用铸钢一体的 H 形构架，强度大，结构简单，检修方便。

（2）采用长摇枕吊杆，摇枕两端上翘，可以采用自由度和静挠度高的枕簧，配合油压减振器，改善转向架的垂向动力性能。

（3）弹簧托梁为铸钢结构，耐腐蚀，检修工作量小，而且可以增加摇动台的横向刚度。枕簧采用超外侧悬挂，有利于提高车辆运行的横向平稳性。

（4）设有横向缓冲器，可以限制并减小或缓和过大的横向振动。

（5）采用干摩擦导柱式弹性定位装置，定位严密，转动灵活，能抑制轮对蛇形运动，保持轮对轴箱装置纵、横方向定位作用。

（6）下旁承在构架侧梁外侧，横向中心距加大，可减小车体的侧滚振动，提高运行平稳性。

（7）采用纵向牵引拉杆代替了纵向摇枕挡，改善了纵向力的传递，同时缓和了纵向冲击，可提高纵向平稳性。

（8）装设有车钩高度调整装置，调整范围可达 35 mm，调整车钩高度作业方便。

（9）用于不同车型时，只需更换摇枕弹簧和轴箱弹簧，其他配件均可通用。

（10）除心盘、中心销在构架中心位置，其他大部分配件在构架外侧，便于库列检和列检及检车乘务员检修作业。

由于 209T 型转向架在运行中需要检查的配件全部在构架外侧，因此在列车检查中使检车员在站台侧无法通行，特别是高站台时，作业比较困难。

3．主要技术参数（表 4-7）

表 4-7　209T 型转向架的主要技术参数

项目	参数
最高运行速度 /（km·h⁻¹）	140
固定轴距 /mm	2 400
轨距 /mm	1 435
自重 /t	6.8

续表

项目	参数
车轮形式	整体辗钢车轮
车轮直径 /mm	915
车轴型号	RD3、RD4
轴承型号	42726QT、152726QT 或进口 SKF 轴承
轴箱定位方式	干摩擦导柱式弹性定位
心盘允许最大载荷 /t	29
承载方式	心盘承载
自重下心盘面距轨面高 /mm	780
自重下旁承面距轨面高 /mm	970
两旁承中心间距 /mm	2 390
弹簧装置形式	一、二系均为圆柱螺旋弹簧
载重下弹簧总静挠度 /mm	195（一位架），190（二位架）
减振方式	油压减振器
摇枕吊杆有效长度 /mm	590
摇枕吊杆倾角 /（°）	0
牵引方式	纵向牵引拉杆
摇枕横向缓冲装置	橡胶缓冲器
摇枕弹簧横向间距 /mm	2 510
转向架制动倍率	4
通过最小曲线半径 /m	正线运行 145，缓行 100

4. 209T 型转向架的结构特点

209T 型转向架主要由构架、轮对轴箱油润装置、摇枕弹簧悬挂装置、基础制动装置、轴温报警装置五部分组成。

（1）构架组成。如图 4-49 所示，209T 型转向架的构架采用铸钢一体式 H 形构架。构架由 2 根侧梁、2 根横梁及 4 根悬臂小端梁等组成。构架各梁断面采用封闭的箱形，并根据需要在梁上铸有出砂孔和工作孔。

在横梁与悬臂小端梁之间的侧梁底面上共铸有 8 个弹簧支柱座，用于安装轴箱弹簧支柱。在构架侧梁外侧铸有摇枕吊座托架，托架上焊有铸钢摇枕吊座，如

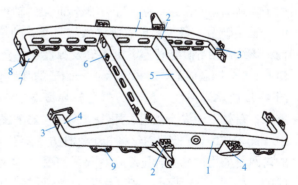

图 4-49　209T 型转向架构架
1—侧梁；2—摇枕吊托架；3—闸瓦托吊座；4—端梁；
5—横梁；6—制动拉杆吊座；7—固定杠杆支点座；
8—缓解弹簧座；9—弹簧支柱座

图4-50所示。构架上还设有闸瓦托吊座、缓解弹簧座、固定杠杆支点座、制动拉杆吊座等零件。

在构架侧梁中部外侧装有横向缓冲器。横向缓冲器由挡轴、缓冲橡胶及与构架侧梁一体的缓冲器座组成，如图4-51所示。横向缓冲器组装时，将缓冲橡胶压入缓冲器座内即可，保证横向缓冲器和摇枕每侧间隙为（25±2）mm，两侧间隙之和不大于50 mm。采用横向缓冲器可缓和车辆通过曲线路时的横向摆动。构架两侧梁中心距为1 943 mm，构架轮廓尺寸为3 550 mm（长）×2 620 mm（宽）×350 mm（高）。

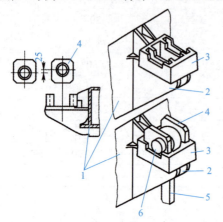

图4-50　摇枕吊座及托架
1—侧梁；2—摇枕吊座托架；3—摇枕吊座；
4—支承板；5—摇枕吊；6—摇枕吊销

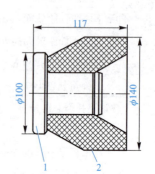

图4-51　横向缓冲器（单位：mm）
1—挡轴；2—缓冲橡胶

（2）轮对轴箱油润装置。209T型转向架的轮对轴箱油润装置采用无导框式结构，与209型转向架相同，是由轮对轴箱装置、轴箱弹簧装置及轴箱定位装置三部分组成的。

轮对采用标准的RD3型轮对。轴箱装置为无导框式带轴箱弹簧托盘的滚动轴承轴箱。装用的轴承型号为42726QT、152726QT单列向心短圆柱滚子轴承或进口SKF轴承。为了提高轴箱的密封性能，209T型转向架的轴箱装置采用了整体金属迷宫式密封结构。

轴箱弹簧装置采用单卷圆柱螺旋弹簧。轴箱定位装置采用干摩擦导柱式弹性定位结构，该结构由导柱定位座、摩擦套及弹性定立套等组成，如图4-52所示。弹性定位套是由Q235号钢制成的内、外套及橡胶制成的弹性套组成的，弹性套压入内、外套之间，如图4-53所示。弹性定位套的内套与弹簧支柱之间采用动配合，为了防止弹性定位套掉下来，在其下面设有挡盖，用3个M10×25的螺栓紧固在端盖上，并装有弹簧垫圈，用1.6 mm×170 mm低碳钢丝将3个螺柱方头穿孔并拧紧以防止松动。端盖与弹簧支柱下端的内圆面采用过盈配合压装在一起，如图4-54所示。定位座组成是由定位座和摩擦套组成的，如图4-55所示。定位座为ZG25Ⅱ铸钢件，摩擦套采用HZ-801耐磨材料制成，这种材料具有自润滑摩擦系数低（0.10～0.15）、耐磨、基本不磨耦合件等特点。摩擦套分为上、下两部分（上部长80 mm，下部长64 mm），主要是为克服摩擦套过长制作困难而设计。采用这种结构，由于弹性定位套与定位座之间的间隙（定位间隙）很小（直径差0.5～0.8 mm），且弹性定位套中的橡胶有一定的刚度，因此能起抑制轮对蛇形运动的作用，实现轮对轴箱与构架在纵横方向的定位。

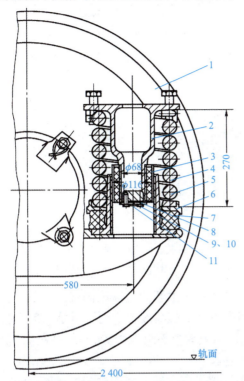

图 4-52 209T 型转向架轴箱定位装置（单位：mm）
1—轮对；2—弹簧支柱；3—弹性定位套组成；4—定位座组成；
5—轴箱弹簧；6—支持环；7—橡胶缓冲垫；8—挡盖；
9—螺栓（M10×25）；10—弹簧垫圈；
11—低碳素结构钢钢丝（1.6×170）

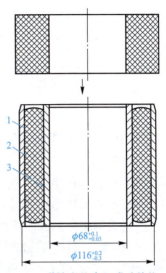

图 4-53 弹性定位套组成（单位：mm）
1—外套；2—橡胶套；3—内套

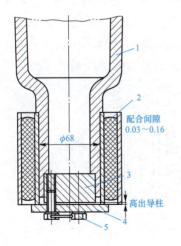

图 4-54 弹性定位套与支柱组装（单位：mm）
1—弹簧支柱；2—弹性定位套组成；3—端盖；
4—挡盖；5—螺栓、垫圈、钢丝

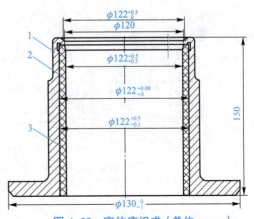

图 4-55 定位座组成（单位：mm）
1—定位座；2—上摩擦套；3—下摩擦套

为了利于配件统一，检修方便，对于偏重车辆，可以根据需要在轴箱弹簧下面加垫调整或选配轴箱弹簧和枕簧试验载荷下高度，以保证车体水平及钩高要求。

（3）摇枕弹簧悬挂装置。如图4-56所示，209T型转向架的摇枕弹簧悬挂装置采用摇动台式结构，主要由摇枕、下心盘、下旁承、中心销、摇枕弹簧、吊销支承板、摇枕吊销、安全吊及纵向牵引拉杆装置等组成。

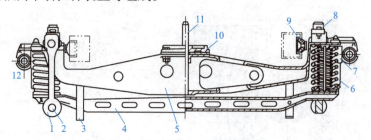

图4-56 摇枕弹簧悬挂装置

1—摇枕吊；2—摇枕吊轴；3—安全吊；4—弹簧托梁；5—摇枕；6—摇枕弹簧；7—油压减振器；
8—下旁承；9—横向缓冲器；10—下心盘；11—中心销；12—纵向牵引拉杆

摇枕采用变截面的空心铸钢等强度梁，其两端向上翘起，通过侧梁处凹下，从侧梁下部穿过。下心盘采用螺栓组装在摇枕上部中央的下心盘座上。两下旁承安装在摇枕两端部，位于构架侧梁外侧，即采用外侧旁承，两旁承中心距为2 390 mm。采用外侧旁承形式，既便于检修，而且可以减小车体的侧滚振动。

209T型转向架取消了原209型的纵向摇枕挡，而在转向架两侧和摇枕两端斜对称焊有牵引拉杆座，用具有橡胶弹性节点的牵引拉杆将摇枕和构架相连，使摇动台得到纵向定位，并可改善其振动性能。牵引拉杆结构由两端带M42螺纹的拉杆、隔套、橡胶垫、内外夹板、止推垫圈、M42螺母等零件组成，如图4-57所示。拉杆的固定端（内侧无调节螺母帽端）固定在构架上，调节端固定在摇枕上，起到构架牵引摇枕的作用。目前客车转向架的牵引拉杆逐步淘汰空心焊接结构牵引拉杆，采用实心牵引杆。为防止牵引拉杆因丝扣锈死而影响拆卸，拉杆的螺纹部分和螺母部分均进行镀锌处理。在拉杆的内、外夹板之间装有隔套，其主要目的是控制橡胶的压缩量。当螺母紧固到压紧隔套时，螺母

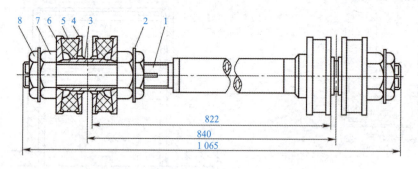

图4-57 纵向牵引拉杆组成（单位：mm）

1—拉杆；2—止推垫圈；3—隔套；4—内夹板；5—橡胶垫；
6—外夹板；7—螺母M42；8—薄螺母M42

就不能再紧固，橡胶的压缩量也就被控制住了。为防止隔套与拉杆锈死，隔套材料采用MC尼龙。止推垫圈用 15 mm 厚钢板冲压而成，其形状如图 4-58 所示。组装时，止推垫圈的内舌应卡入拉杆上的轴向槽，垫圈边缘应分别翻到内、外螺母上，这样螺母就不会松动了。牵引拉杆的组装应在整车找平后进行。

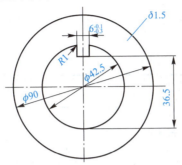

图 4-58　止推垫圈（单位：cm）

牵引拉杆布置在转向架的两侧，并且方向相反，使车辆通过曲线时，可以减缓摇枕和车体的纵向振动。牵引拉杆两端有橡胶垫，形成单性节点，具有无磨耗、不需润滑、维修简便、减少噪声等特点。

摇枕弹簧装置由圆弹簧组和油压减振器组成，摇枕两端各一套，每套由两组开列的内、外卷圆弹簧和一个油压减振器组成。圆弹簧组通过上、下夹板的中间穿以螺栓形成预压缩状态，如图 4-59 所示。采用这种形式，可以使弹簧静挠度增大，有效地降低车体自振频率，增加车辆运行的平稳性和舒适度。枕簧采用构架外侧悬挂方式，横向跨距大，为 2 510 mm，可有效改善车体的横向振动性能。所采用的新型油压减振器，其具有密封、防尘、防锈性能好，阻尼稳定，调整、拆卸方便，质量轻等优点。

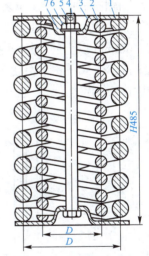

图 4-59　摇枕弹簧组组成

1—外簧；2—内簧；3—夹板；
4—螺栓；5—开口销；6—螺母；
7—垫圈

弹簧托梁采用整体铸钢（ZG25I）横梁式结构，托梁的两端设有油压减振器安装座、安装摇枕弹簧和吊轴的加工面及安装吊轴的螺孔。托梁和吊轴之间用两个 M16×150 螺栓连接。弹簧托梁不但将两侧吊轴连为整体，而且可承受弹簧和吊轴的偏心力。托梁采用铸钢件，不但抗腐蚀性能较好，可减少检修工作量，而且可增大摇动台抗横向振动的刚度。摇枕吊轴采用实体变截面的等强度梁，用 Q235 钢锻制而成，它与弹簧托梁之间采用螺栓连接。

摇枕吊采用单节长吊杆形式，它由 Q235 钢锻制而成。其上、下孔均镶有锻钢衬套，如图 4-60 所示。上孔衬套的内部为 R70 mm 的圆弧面，与摇枕吊销中部 R75 mm 圆弧面吻合，摆动灵活；下孔衬套的内部沿轴向不是弧面，而是平垂面，与吊轴轴端圆柱面接触，以增加接触面，减少磨耗。上、下孔的中心距为 580 mm，组装后摇枕吊销和吊轴的中心距，即摇枕吊有效长度为 590 mm。

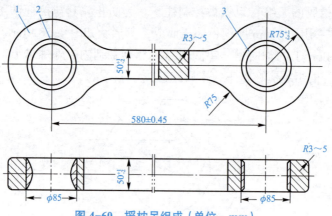

图 4-60　摇枕吊组成（单位：mm）
1—摇枕吊体；2—上套；3—下套

　　摇枕吊销的安装结构和一般转向架不同，摇枕吊销的形状如图 4-61 所示，它插入构架上摇枕吊座中的支承板孔。摇枕吊通过摇枕吊销及两块支承板垂直悬挂在摇枕吊座上，使枕弹簧横向中心距达 2 510 mm，形成摇枕弹簧装置的超外侧悬挂（枕弹簧横向中心距 2 400 mm 以上的为外侧悬挂，超过 2 500 mm 的为超外侧悬挂）。摇枕吊销安装后用销轴 25 mm×130 mm 和外侧的支承板带套筒部分销接，摇枕吊销用销轴和支承板固定，在运用中不会旋转，故一般不发生磨耗。

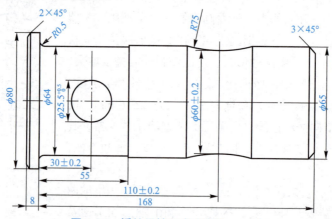

图 4-61　摇枕吊销组成（单位：mm）

　　吊销支承板上的圆孔做成上、下偏心 25 mm 的结构，将支承板上、下倒置安装就可调整车钩高度。支承板下部还可安放 10 mm 厚以内的垫板，因此，车钩高度的调整范围最大可达 35 mm，形成了钩高调整装置。这样既便于检修时调整钩高，又有利于选择较大的弹簧静挠度值，改善垂直振动性能。安全吊采用扁钢结构，用螺栓安装在构架侧梁下部的安全吊座上。中心销采用下穿式，有利于车体底架的防腐。

　　（4）基础制动装置。209T 型转向架的基础制动装置采用杠杆传动的双侧闸瓦制动，采用双片吊挂直接作用式，如图 4-62 所示。基础制动装置主要由移动杠杆、制动拉杆、制动拉杆吊、闸瓦托、闸瓦托吊、闸瓦、闸瓦间隙调整装置、上拉杆、拉环、制动梁、制动圆销、缓解弹簧等组成。自动闸瓦间隙调整器采用 J 型，如图 4-63 所示。所有钢衬套均在其内表面镀铜并覆以聚四氟乙烯耐磨材料。为保证耐磨性能，要求与其配合的销或轴的表面粗糙度达到 3.2。钢衬套与圆销的配合间隙为 0.3 ～ 0.7 mm，在不降低销套最小间隙的情况下，对销、套配合间隙上限进行压缩，以增大销、套的接触面积，降低接触应力和冲击力，达到提高销、套耐磨性的目的。

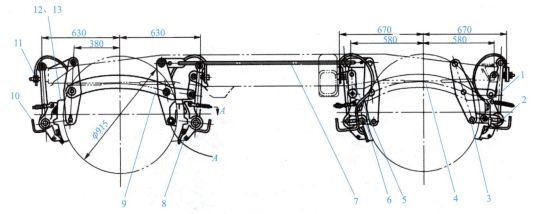

图 4-62 基础制动装置组成（单位：mm）

1—闸瓦托吊；2—制动梁；3—制动杠杆；4、9—制动拉杆；5—制动拉杆吊；6—连接板；7—上拉杆；8—闸瓦托；10—缓解弹簧；11—缓解弹簧压块；12—闸瓦；13—闸瓦插销

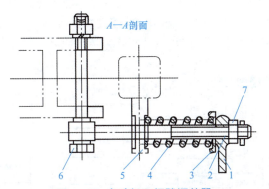

图 4-63 自动闸瓦间隙调整器

1—调整螺母；2—调整螺栓；3、5—调整弹簧座；4—调整弹簧；6—闸瓦间隙调整装置；7—螺母

（5）轴温报警装置。轴温报警装置主要由仪器（含传感器）、轴体、转向架配线、配线盒、接线盒、轴箱安装孔等结构组成。其中，轴温传感器安装于转向架轴箱顶部的安装孔内，并通过配线最终与乘务员室的报警仪连接，以监视列车运行中的轴温情况。

在运行中，部分 209T 型转向架上装有轴端发电装置，如图 4-64 所示。它由感应子发电机和发电机轴端三角皮带传动装置组成。

轴端三角皮带传动装置包括发电机吊架、皮带紧度调整装置和轴端连接装置三个部分。

发电机吊架焊接在一位转向架构架悬臂小端梁外端三位端角上，发电机通过一根吊轴吊挂在发电机吊架上。皮带紧度调整装置由调整杠杆、调整弹簧、调整弹簧座、调整

手轮、弹簧垫、弹簧螺丝杆、螺母及发电机托等组成。拧动调整手轮压缩调整弹簧，利用压缩弹簧的反力，通过调整杠杆顶发电机，使皮带被拉紧来调整皮带的紧度。轴端连接装置由三角皮带轮、退卸套、轴端压盖和专用的轴箱前盖等组成，三角皮带轮依靠退卸套紧套在加长的 RD4 型车轴上，轴端压盖用螺栓紧固在轴端，车轴转动时带动轴端的三角皮带轮转动，通过 5 根三角皮带带动发电机轴上的小皮带轮，使发电机发电，三角皮带轮间的传动比为 3：1。

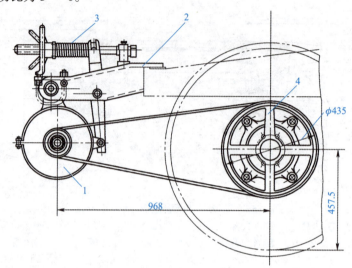

图 4-64　轴端发电装置（单位：mm）
1—发电机；2—发电机吊架；3—皮带拉紧装置；4—轴端连接装置

（五）垂向载荷传递顺序

垂向载荷传递顺序如图 4-65 所示。

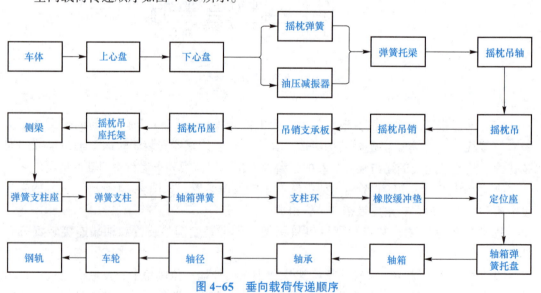

图 4-65　垂向载荷传递顺序

 **任务实施**

任务工单

任务场景	校内实训室		指导教师	
班级			组长	
组员姓名				
任务要求	1. 任务名称：了解转向架。 2. 任务目的：了解转向架，学会利用资源，提高资源整合能力。 3. 演练任务：请同学们分析转向架的作用和意义，以及转向架的分类			
任务分组	在这个任务中，采用任务分组实施方式，3～5人为一组，通过学生自荐或推荐的方法选出组长，负责本团队的组织协调工作，最后形成任务报告			
任务步骤	1. 请通过查找资料，说说你对车辆转向架装置的了解。 2. 简述客车转向架。 3. 简述货车转向架			
任务反思	请写出你掌握的新知识点，并完成本次任务中的自我评价			

任务评价

任务评价单

序号	评价项目	评价内容	分值	自评 30%	互评 30%	师评 40%	合计
1	职业素养	具有团队合作能力，交流沟通能力，互相协作、分享能力	10				
		主动性强，能保质保量地完成工作页相关任务	10				
		具有精益求精的工匠精神	10				
		能采取多样化手段收集信息、解决问题	10				

续表

序号	评价项目	评价内容	分值	自评30%	互评30%	师评40%	合计
2	专业能力	报告的内容全面、完整、丰富	10				
		简述货车转向架	20				
		简述客车转向架	20				
		语言表达准确、严谨，逻辑清晰，结构完整	10				

 任务测评

简答题

1. 转向架的作用是什么？
2. 转向架一般由哪些部分组成？

 **拓展阅读**

拓展阅读

模块五

了解牵引缓冲装置

📖 项目简介

　　牵引缓冲装置是车辆基本的也是重要的部件组合之一，它对火车车辆的连接以及火车在行驶过程中减轻车辆的撞击起到非常关键的作用，那它是如何发挥作用的呢？一辆辆独立的车体又是如何连接成长长的一列的呢？如何才能保证连接可靠，在行驶过程中不脱钩呢？接下来，我们一起来揭秘吧。

任务一　牵引缓冲装置解析

知识目标

1. 掌握铁路车辆连接装置的概念。
2. 能够了解牵引缓冲装置的分类。

技能目标

1. 能够形成对牵引缓冲装置的基本认识。
2. 掌握牵引缓冲装置、牵引连挂装置、缓冲装置之间的联系和区别。
3. 从不同方面，对比非刚性车钩、刚性车钩的不同。

素养目标

1. 具备良好的职业道德。
2. 具备良好的团队协作能力，"单丝不成线，独木不成林"，中华民族伟大复兴离不开全国各族人民的团结一心，火车的大量输送也离不开牵引缓冲装置。
3. 体会并传承工匠精神。

任务描述

假如你是某高职院校铁路专业的毕业生，入职铁路局车钩维修部的第一天，小组领导说，牵引缓冲装置是铁路车辆的重要组成部件，也是火车能实现大量输送的基础，牵引缓冲装置对火车的安全运行至关重要，考考你的专业知识水平，你说说非刚性车钩和刚性车钩的区别。

相关知识

牵引缓冲装置是车辆基本的也是重要的部件组合之一，其作用是连接机车车辆，减缓列车的纵向冲动（或冲击力），连接列车风管。

如果上述的牵引连挂和缓和冲击的作用是由同一装置来承担的，那么该装置称为牵引缓冲装置。如果这些作用分别由不同的装置来承担，则分别称为牵引连挂装置和缓冲装置。牵引连挂装置用来实现车辆之间的彼此连接、传递和缓和牵引（拉伸）力的作用；缓冲装置（缓冲盘）用来传递和缓和冲击（压缩）力的作用，并且使车辆彼此之间保持一定的距离。按照连接方式，牵引连挂装置可分为自动车钩和非自动车钩。自动车钩不需要人工参与就能实现连接，非自动车钩则要由人工完成车辆之间的连接。我国铁路车辆均采用自动车钩。

自动车钩又可分为非刚性车钩和刚性车钩两种基本类型。非刚性车钩允许两个相连接的车钩在垂直方向上有相对位移，如图5-1（a）所示，当两个车钩的纵轴线存在高度差时，连接着的两钩呈阶梯形状，并且各自保持水平位置。刚性车钩不允许两个相连接的车钩在垂直方向彼此存在位移，但是在水平方向可产生少许转角，如图5-1(b)所示，如果在车辆连接之前两车钩的纵向轴线高度存在偏差，那么在连挂后，两车钩的轴线处在同一直线上并呈倾斜状态。两车钩的尾端采用销接，从而保证了两连挂车辆之间的位移和偏角。

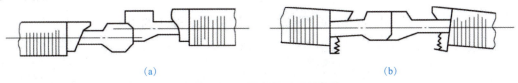

(a)   (b)

图5-1 非刚性车钩与刚性车钩
（a）非刚性车钩；（b）刚性车钩

刚性车钩减小了两连接车钩之间的间隙，从而大大降低了列车运行中的纵向冲动，提高了列车运行的平稳性，同时也降低了车钩零件的磨耗和噪声。另外，刚性车钩有可能同时实现车辆间的气路和电路的自动连接。非刚性车钩结构较简单，强度高，质量轻，与车体的连接较为简单。

我国铁路一般客车、货车均采用非刚性的自动车钩，对于高速列车和城市的地铁、轻轨车辆则应采用刚性的自动车钩，即密接式车钩。

讨论题：请比较非刚性车钩和刚性车钩的区别。

任务实施

任务工单

任务场景	校内实训室	指导教师	
班级		组长	
组员姓名			

任务要求	1. 任务名称：牵引缓冲装置解析。 2. 任务目的：了解牵引缓冲装置，学会利用资源，提高资源整合能力。 3. 演练任务：请同学们分析牵引缓冲装置的作用和意义，以及自动车钩的分类
任务分组	在这个任务中，采用分组实施的方式进行，3～5人为一组，通过学生自荐或推荐的方法选出组长，负责本团队的组织协调工作，最后形成任务报告
任务步骤	1. 请通过查找资料，说说你对牵引缓冲装置的了解。 2. 请分析牵引缓冲装置的作用。 3. 如何区分自动车钩和非自动车钩。 4. 简述非刚性车钩和刚性车钩的区别
任务反思	请写出你掌握的新知识点，并完成本次任务中的自我评价

任务评价

序号	评价项目	评价内容	分值	自评30%	互评30%	师评40%	合计
1	职业素养	具有团队合作能力，交流沟通能力，互相协作、分享能力	10				
		主动性强，能保质保量地完成工作页相关任务	10				
		具有精益求精的工匠精神	10				
		能采取多样化手段收集信息、解决问题	10				
2	专业能力	报告的内容全面、完整、丰富	10				
		简述非刚性车钩的用途	10				
		区别牵引连挂装置和缓冲装置	10				
		区别刚性车钩和非刚性车钩的结构特点	10				
		区别刚性车钩和非刚性车钩的工作特点	10				
		语言表达准确、严谨，逻辑清晰，结构完整	10				

任务测评

简答题

1. 牵引缓冲装置的作用是什么？

2. 我国采用哪种型号的牵引缓冲装置？其特点是什么？

 拓展阅读

拓展阅读

任务二　拆装牵引缓冲装置

知识目标

1. 掌握牵引缓冲装置的组成、作用。
2. 掌握牵引缓冲装置在车辆上的安装及作用力传递，掌握车钩的开启方式。

技能目标

1. 通过学习，对车钩的基本工作原理形成基本的认识。
2. 了解牵引缓冲装置的基本机构。

素养目标

1. 具备良好的团队合作能力。
2. 具备良好的职业道德。
3. 体会并传承工匠精神。

任务描述

小李将要参加铁路局的招聘考试，牵引缓冲装置的组成及作用是极其重要的考点，请你帮助小李完成这部分内容的复习工作。

相关知识

一、牵引缓冲装置的组成

牵引缓冲装置是车辆重要的部件之一，由车钩、缓冲器、钩尾框、从板等零部件组成，如图 5-2 所示。在钩尾框内依次装有前从板、缓冲器和后从板（有的缓冲器不需后从板），借助钩尾销把车钩和钩尾框连成一个整体，从而使车辆具有连挂、牵引和缓冲三种功能。

视频：紧密联结安心行——车钩缓冲装置

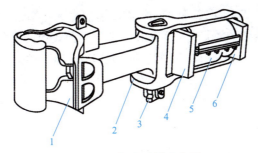

图 5-2　货车牵引缓冲装置
1—车钩；2—钩尾框；3—钩尾扁销；4—前从板；5—缓冲器；6—后从板

二、牵引缓冲装置的作用

在牵引缓冲装置中，车钩的作用是用来实现机车和车辆或车辆和车辆之间的连挂并传递牵引力和冲击力，并使车辆之间保持一定的距离。缓冲器是用来缓和列车运行及调车作业时车辆之间的冲撞，吸收冲击动能，减小车辆相互冲击时所产生的动力作用。从板和钩尾框则起着传递纵向力（牵引力或冲击力）的作用。

三、牵引缓冲装置在车辆上的安装及作用力的传递

牵引缓冲装置一般组成一个整体安装于车底架两端的牵引梁内，其前后从板及缓冲器卡装在牵引梁的前后从板座之间，下部靠钩尾框托板及钩体托梁托住，各部相互位置如图 5-3 所示。

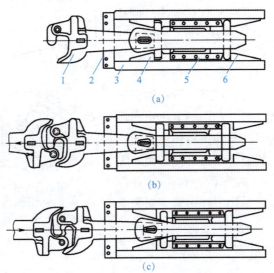

图 5-3　牵引缓冲装置在车上的安装位置及受力状态
（a）在车上的安装位置；（b）牵拉状态；（c）压缩状态
1—牵引缓冲装置；2—冲击座或复原装置；3—中梁（牵引梁）；4—前从板座；5—钩尾框托板；6—后从板座

为了保证车辆连接安全可靠和牵引缓冲装置安装的互换性，我国机车车辆有关规程规定牵引缓冲装置装车后，其车钩钩舌的水平中心线距钢轨面在空车状态下的高度：货

车为（815～890）mm；两相邻车辆的车钩水平中心线最大高度为75 mm；牵引梁前后从板座之间距离为625（偏差值+0～−3）mm；牵引梁两腹板内侧距为350 mm（部分早期生产的货车为330 mm）。另外，考虑到缓冲器具有一定范围的行程，以及货车受冲击较大的缘故，规定了车钩钩肩冲击面与冲击座之间的距离：装用2号缓冲器时为大于等于61 mm，装用MT–2型、MT–3型缓冲器时为91（偏差值+10～−1）mm，装用ST型缓冲器时为76（偏差值+10～−5）mm。

当车辆受牵拉时，作用力的传递过程为

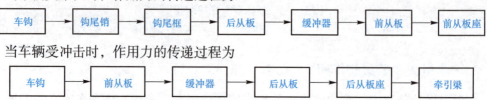

| 车钩 | → | 钩尾销 | → | 钩尾框 | → | 后从板 | → | 缓冲器 | → | 前从板 | → | 前从板座 |

当车辆受冲击时，作用力的传递过程为

| 车钩 | → | 前从板 | → | 缓冲器 | → | 后从板 | → | 后从板座 | → | 牵引梁 |

由此可见，牵引缓冲装置无论是承受牵引力，还是冲击力，都要经过缓冲器将力传递给牵引梁，这样就有可能使车辆间的纵向冲击振动得到缓和和消减，从而改善了运行条件，保护车辆及货物不受损坏。

四、车钩的开启方式

车钩的开启方式分为上作用式及下作用式两种。由设在钩头上部的提升机构开启的，叫作上作用式，如图5-4所示。大部分货车车钩为上作用式，这种方式开启灵活、轻便。还有部分货车，如平车、长大货物车或开有端门的货车，因有碍货物的装卸或活动端门板需要放平，钩头的上部不能安装车钩提杆，故无法采用上作用式，而采用下作用式。这时，借助于设在钩头下部的推杆的动作来实现开启，它不如上作用式轻便。所谓下作用式车钩是指车钩由闭锁向开锁或全开位置转换时，通过钩提杆向上推动钩锁的解钩方式，如图5-5所示。客车因车体端部有折棚和平渡板装置，故无法采用上作用式，而采用下作用式。

货车车钩解钩提杆的安装在一位和四位车端；客车装在二、三位端。

讨论题：分别写出上作用式及下作用式两种车钩开启方式的特点。

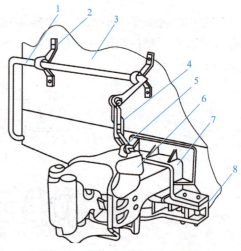

图 5-4　货车上作用式车钩装置
1—车钩提杆；2—车钩提杆座；3—车体端墙；
4—提钩链；5—上锁销；6—钩头；7—冲击座；
8—钩身托梁

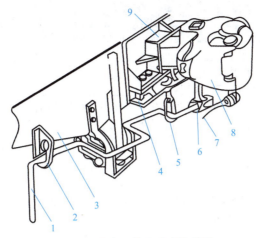

图5-5 货车下作用式车钩装置
1—车钩提杆；2—车钩提杆座；3—底架端梁；4—钩身托板；5—车钩提杆吊杆；
6—下锁销；7—下锁销杆；8—钩头；9—冲击座

 **任务实施**

任务工单

任务场景	校内实训室	指导教师	
班级		组长	
组员姓名			
任务要求	1. 任务名称：拆解牵引连接装置。 2. 任务目的：了解牵引缓冲装置的组成及作用。 3. 演练任务：请同学们分组动手拆解货车牵引缓冲装置，通过拆解了解牵引缓冲装置的组成及各部件的作用		
任务分组	在这个任务中，采用分组实施的方式进行，4～8人为一组，通过学生自荐或推荐的方法选出组长，负责本团队的组织协调工作		
任务步骤	1. 写出下图中序号1～6分别指什么。		

续表

任务步骤	2．分别写出车钩、缓冲器、从板和钩尾框的作用。 车钩的作用：_____ 缓冲器的作用：_____ 从板和钩尾框的作用：_____ 3．拿到一个牵引缓冲装置后，仔细观察其结构，对其每一部分进行拆解并进行组装，在过程中理解每个零件的作用
任务反思	请写出你掌握的新知识点，并完成本次任务中的自我评价

任务评价

序号	评价项目	评价内容	分值	自评30%	互评30%	师评40%	合计
1	职业素养	团队合作、交流沟通、互相协作、	10				
		精益求精的工匠精神	10				
		责任意识，工作态度端正	5				
2	专业能力	拆解过程中正确掌握结构整体性	10				
		拆解过程严肃认真	5				
		画出车辆受牵拉时作用力的传递过程	10				
		画出车辆受冲击时作用力的传递过程	10				
		掌握牵引缓冲装置在车辆上的安装	10				
		能准确识别牵引缓冲装置的每一个部件	10				
		掌握牵引缓冲装置的组成	10				
		正确选择及使用工具	5				
		遵守行业规范、现场6S标准，保质保量地完成相关任务	5				

任务测评

简答题

1. 牵引缓冲装置由哪些部件组成？其作用是什么？

2. 机车牵引车辆、推送车辆时的作用力如何传递？

 拓展阅读

拓展阅读

任务三　拆解货车车钩

知识目标

1. 了解目前我国铁路货车使用的车钩类型。
2. 理解车钩工作原理，通过 13 号车钩的学习，能够掌握其他车钩的工作过程。

技能目标

1. 能够自己动手拆装 13 号车钩。
2. 能够复述 13 号车钩的组成零部件。
3. 了解 13 号车钩的三态作用。
4. 了解 13 号车钩的优缺点。

素养目标

1. 具备良好的职业道德。
2. 具备良好的团队沟通协调能力。
3. 学习传承工匠精神，培养团队协作能力。

任务描述

　　小李是一位铁路工作人员，领导需要到某铁路院校为刚入学的新生进行一次专业培训，需要小李按照下列表格形式汇总常见的货车车钩型号、结构特点、优缺点及用途，请你帮他完成。

序号	车钩型号	结构特点	优缺点	用途
1	17 号车钩			
2	13 号车钩			
3	16 号车钩			
4	…			
5	…			

相关知识

铁路货车使用的车钩均为自动车钩，目前采用的车钩类型有 16 号、17 号、13B 型、13A 型和 13 号车钩，之前还曾经采用过 2 号车钩。

16 号、17 号车钩是为了满足大秦线运煤专列开行重载列车且不摘钩上翻车机连续翻转卸货的需要而研制开发的车钩（同时研制开发了相应的 16 号、17 号钩尾框）。目前，新造载重 70 t 及以上铁路货车已全部采用高强度的 17 号车钩。在一些重载列车上采用 16 号车钩的同时还采用了牵引杆技术，以降低列车纵向冲动，提高列车运行安全可靠性。

目前，新造 60 t 级铁路货车已全部采用高强度的 13B 型车钩。随着列车运行速度的提高和牵引吨位的增加，13 号普碳钢车钩、13 号 C 级钢车钩、13A 型车钩强度已不能满足铁路货车发展的需要，并在铁路货车检修过程中逐渐进行淘汰，铁路货车车钩正向着可靠性高、强度高和耐磨性能好的方向发展。

一、13 号车钩的构造

13 号车钩是在 20 世纪 60 年代初研制的，70 年代初开始在铁路货车上推广使用。13 号车钩钩体、钩舌及钩尾框采用牌号为 ZG25 的普通碳素铸钢制造，从 1996 年起推广使用 C 级钢 13 号车钩及钩尾框。2002 年停止生产 13 号车钩及钩尾框，并在铁路货车检修中逐步淘汰 13 号车钩及钩尾框。

13 号车钩由钩体、钩舌及钩头配件等组成。

1. 钩体

钩体分为钩头、钩身、钩尾三个部分，如图 5-6 所示。

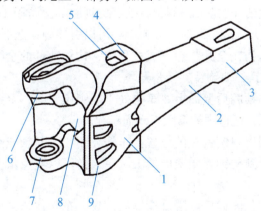

图 5-6 13 号车钩钩体
1—钩头；2—钩身；3—钩尾；4—钩肩；5—下锁销孔；
6—上钩耳及孔；7—下钩耳及孔；8—钩锁腔；9—钩腕

（1）钩头。钩头主要起车辆摘挂作用。

1）钩腕：两车钩连挂时，借以相互容纳对方的钩舌，使两个钩舌彼此握合，并限制对方车钩钩舌产生过大的横向移动，防止车钩自动分离。

2）钩锁腔：容纳并安装钩锁、钩舌推铁等零件。钩锁腔各部位的名称及功用如图5-7所示。

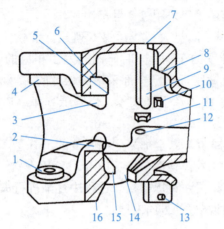

图5-7　13号车钩钩锁腔内部结构
1—下护销突缘；2—下牵引突缘；3—上牵引突缘；4—上护销突缘；5—导向挡；
6—全开作用台；7—上锁销孔；8—上防脱（跳）台；9—钩锁导向壁；10—钩锁后部定位挡；
11—钩舌推铁挡铁；12—钩舌推铁轴孔；13—下锁销钩转轴；14—下锁销孔；
15—下防脱（跳）台；16—二次防脱（跳）台

①护销突缘：用以保护钩舌销，分上护销突缘和下护销突缘。

②牵引突缘：在闭锁位置时与钩舌尾部牵引突缘配合，用以承受牵引力，分上牵引突缘和下牵引突缘。

③导向挡：车钩处于闭锁状态时，钩锁的前导向面靠在此处。防止钩锁倾倒脱出钩锁腔，使上锁销及上锁销杆的防脱（跳）台处于钩锁腔的上防脱（跳）台下，限制钩锁销的跳动。此外，在车钩开锁或全开时，导向挡还可以引导钩锁上下移动。

④全开作用台：车钩在全开状态形成过程中，钩锁前部的全开回转支点以该部位为支点回转，踢动钩舌推铁，使钩舌旋转张开。

⑤上防跳台：在钩锁腔后壁面上。车钩处于闭锁位置时，上锁销及上锁销杆的防脱（跳）台卡在其下，防止在运行中钩锁因振动而跳起。

⑥钩锁导向壁：用以限制钩锁的位置。车钩在闭锁、开锁或全开状态时，钩锁的一侧被挡住，而另一侧受到钩锁腔侧壁面的限制，这样可以避免由于钩锁的摆动而影响车钩的作用状态。

⑦钩锁后部定位挡：同样用以限制钩锁的位置。车钩在闭锁位时，钩锁除受钩锁腔导向挡的限制外，其后部还受到该部位的阻挡，使钩锁既不能向前倾倒，又不能向后仰，稳固地坐在钩舌尾部的钩锁承台上，从而保证上锁销的防跳位置。

⑧钩舌推铁挡块：用以确定钩舌推铁的位置，防止钩舌推铁在转动过程中歪斜。

⑨钩舌推铁轴孔：安装钩舌推铁轴用。

⑩下防脱（跳）台：设置在下锁销孔内的前侧壁。车钩闭锁时，下锁销防脱（跳）台与之卡合，起防跳作用。

⑪下锁销钩转轴：供下作用式车钩放置下锁销钩用。

3）上下钩耳：安装钩舌用。

4）钩耳孔：为插入钩舌销用，用以保护钩舌销不受牵引力和冲击力的影响而折损。钩耳孔为一长圆孔，长径44 mm，为车钩牵引方向；短径42 mm，垂直于车钩牵引方向，如图5-8所示。

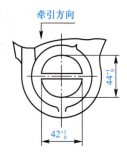

图5-8 钩耳孔（单位：mm）

5）上锁销孔：上作用式车钩安装上锁销用。如果车钩采用下作用式时，此孔用防尘盖盖严，防止砂石侵入钩锁腔内，影响车钩的三态作用。

6）下锁销孔：安装下锁销用。

7）钩肩：当车钩受到过大的冲击力时，钩肩与冲击座相接触，从而将部分冲击力直接传给车底架，避免后从板座和缓冲器过载破损。

（2）钩身：传递牵引力和冲击力的部分。钩身为中空断面结构，应具有比较大的强度和刚度。

（3）钩尾：车钩后端安装钩尾框的部分，其上开有长圆形钩尾销孔，后端面为一垂直平面，在缓冲器伸张力的作用下，以便车钩自动复位。

2. 钩舌及钩舌销

（1）钩舌：装在上下钩耳之间。其上有钩舌销孔，插入钩舌销，以钩舌销为轴回转，利用钩舌的开闭进行车辆摘挂。在钩舌销孔处铸有护销突缘，尾部上下铸有牵引突缘和上下冲击突肩，在闭锁位置时，与钩锁腔内相应突缘配合，以使牵引力或冲击力直接由钩舌传给钩体。尾部上面设一圆弧，为从全开位置到闭锁位置过程中便于钩锁顺利下滑成闭锁位。在钩舌尾部侧面有一台阶，称为钩锁承台。在闭锁位置时，供钩锁坐落之用，如图5-9所示。

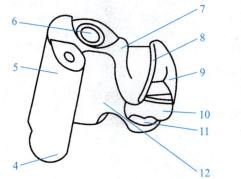
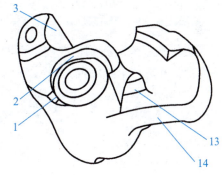

图5-9 9号车钩钩舌

1—全开止挡；2—护销突缘；3—钩腕牵引面（钩舌内侧面）；4—钩舌鼻；5—钩舌正面；
6—钩舌销孔；7—冲击突肩（冲击台）；8—牵引突缘（牵引台）；9—钩舌尾端面；10—钩舌锁面；
11—钩锁承台；12—钩舌内腕；13—钩舌推铁面；14—钩舌尾止端

（2）钩舌销：装在钩耳孔及钩舌销孔中，作为钩舌的回转轴，如图5-10所示。

图 5-10　钩舌及钩舌销

1—钩舌；2—钩舌销

3. 钩头配件

（1）钩锁。安装在钩锁腔内，主要作用：在闭锁位置时，挡住钩舌尾部，使钩舌不能转动；在全开位置推动钩舌推铁，使钩舌张开。钩锁背部有上锁销杆作用槽及上锁销杆转轴，供连挂钩锁之用。侧面（钩舌侧）有侧座锁面，前面有前座锁面，后部有后座锁面，闭锁位置分别与钩舌尾部顶面、钩舌的钩锁承台、钩舌推铁的锁座相配合。钩锁前部有全开回转支点。钩锁腿部有一开锁座锁面和一椭圆下锁销轴孔，如图5-11所示。

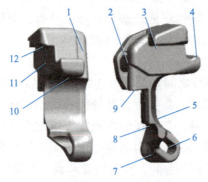

图 5-11　钩锁

1—前导向面；2—上锁销杆转轴；3—后导向面；4—全开回转支点；5—锁腿；6—下锁销轴孔；
7—后踢足面；8—开锁座锁面；9—后座锁面；10—前座锁面；11—锁面；12—侧座锁面

（2）钩舌推铁。横放在钩锁腔内，有回转支轴插入钩舌推铁孔，起转轴作用，其作用是推动钩舌张开达到全开位置，如图5-12所示。

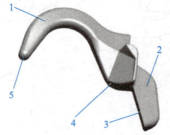

图 5-12　钩舌推铁

1—钩舌推铁腿；2—锁座；3—踢足推动面；4—锁腿导向面；5—推铁踢足

（3）上锁销组成。为进一步提高13号系列车钩的防分离可靠性，已对13号系列上作用式车钩的防跳装置进行了改造。将原上锁销组成的两连杆机构更改为三连杆机构，新型上锁销由上锁提、上锁销和上锁销杆组成。新型上锁销组成与原上锁销组成对比如图5-13所示。装用新型上锁销组成后，车钩的解钩方式、作业程序与装用原上锁销组成的车钩相同，仅开钩角度有所增加。

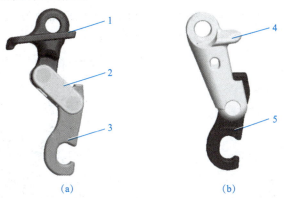

（a）　　　　　　　　　　（b）

图5-13　新型上锁销组成与原上锁销组成对比

（a）新型上锁销组成；（b）原上锁销组成

1—上锁提；2、4、5—上锁销；3—上锁销杆

（4）下锁销组成。为下作用式车钩推起钩锁用。它是由下锁销、下锁销钩和下锁销体组成，用沉头铆钉活动连接。下锁销钩以转轴孔和钩头下锁销钩转轴连接，另一端和下锁销体相连；下锁销体另一端和下锁销相连，其上有二次防脱（跳）尖端，中部有回转挡和钩提杆止挡；下锁销另一端由下锁销轴和钩锁的下锁销孔相连，如图5-14所示。

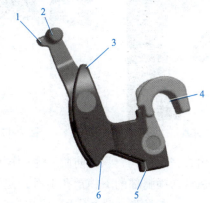

图5-14　下锁销组成

1—下锁销防跳面；2—下锁销轴；3—二次防跳尖端；4—转轴孔；5—回转挡；6—车钩提杆止挡

二、13号车钩的三态作用

为了实现车钩连挂或摘钩，使车辆连接或分离，车钩具有闭锁、开锁、全开三种位置，也就是车钩的三态作用。

（1）闭锁位置。闭锁位置为两车钩互相连挂时所处的位置。这时钩舌尾部转入钩锁腔，钩锁以自重落下，其后座锁面和侧座锁面分别坐在钩舌推铁的锁座和钩舌尾部侧面的钩锁承台上，卡在钩舌尾部侧面及钩锁腔侧壁面之间，挡住钩舌使之不能张开，如图 5-15 所示。这时上锁销组成自由落下后，上锁销提、上锁销及上锁销杆共同在钩腔内形成一个反 Z 字形结构，货车在振动过程中，上锁销杆与钩腔内防跳台下面接触，形成一次防跳作用，如图 5-16 中箭头处所示。同时上锁销前部顶在钩腔上锁销孔前圆弧下部，利用上锁销的横向支撑作用，实现二次防跳，如图 5-17 中箭头处所示。

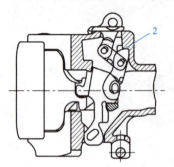
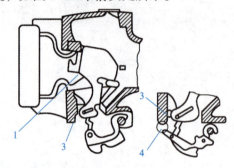

图 5-15　13 号车钩闭锁位置
1—钩锁位置；2—上锁销防跳台位置；3—下作用防脱（跳）位置；4—二次防脱（跳）位置

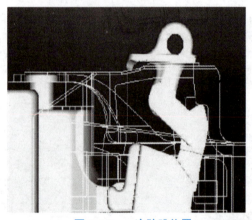

图 5-16　一次防跳位置　　　　**图 5-17　二次防跳位置**

下作用式的动作与上作用式完全相同，只是防脱（跳）作用部位不同。当钩锁以其自重下落后，下锁销的下锁销轴沿钩锁腿部的下锁销孔下滑，使下锁销的下防脱（跳）止端卡在钩头的下防脱（跳）台下方，起防脱（跳）作用，如图 5-15 中 3 处所示。同时下锁销体的二次防脱（跳）尖端，卡在下锁销孔边缘的二次防脱（跳）台下方，起到二次防脱（跳）作用。

（2）开锁位置。开锁位置为摘解车辆时的预备位置，如图 5-18 所示。由闭锁位置提起车钩提杆，则上锁销装配伸直离开防脱（跳）位置（图 5-18）。当继续提起车钩提杆时，上锁销组成提起的钩锁越过钩舌尾部，由于钩锁偏重，其腿部向后偏转。当放下车钩提杆时，钩锁腿部的开锁座锁面就落在钩舌推铁的锁座上，使钩锁不致落下（图 5-18 中 1

处），呈开锁位置。

下作用式的动作与上作用式的动作基本相同，所不同的是扳转车钩提杆时，下锁销钩绕下锁销钩转轴转动，使下锁销轴沿锁腿的下锁销轴孔上滑，下锁销离开防脱（跳）位置，从而举起钩锁，呈开锁位置（图5-18中2处）。

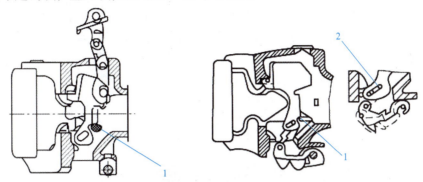

图5-18　13号车钩开锁位置
1—钩锁开锁座锁面位置；2—下作用脱离防脱位置

（3）全开位置。全开位置为车钩再次连挂的准备位置，如图5-19所示。从闭锁或开锁位置，用力提起车钩提杆，钩锁被充分提起，钩锁前部的全开回转支点与钩锁腔的全开回转支点座接触，并以此支点（图5-19中1处）转动。钩锁腿部向钩锁腔后部旋转，其后踢足面和钩舌推铁的踢足推动面接触，踢动钩舌推铁的锁座端（图5-19中2处），使钩舌推铁绕回转支轴转动。钩舌推铁的另一端（钩舌推铁腿），以其推铁踢足推动钩舌尾部的钩舌推铁面（图5-19中3处），使钩舌以其钩舌销为转轴转动，处于全开位置。

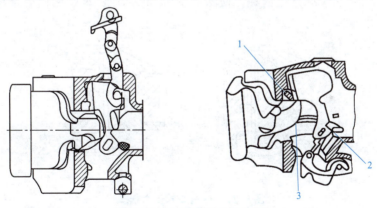

图5-19　13号车钩全开位置
1—支点；2—锁座端；3—钩舌推铁面

讨论题： 请简述13号车钩的三态作用

三、13 号车钩受力分析

13 号车钩在闭锁位置时，由于合理地安排了钩头、钩舌及钩舌销之间的间隙，可使钩舌销不受或较少负担作用力，以充分发挥车钩各部分材料抗拉强度。

13 号车钩在钩锁腔内及钩舌上铸有护销突缘、牵引突缘和冲击突肩。在闭锁位时，牵引突缘间隙 δ_1 与护销突缘间隙 δ_2 以及钩耳孔和钩舌销之间的间隙 δ_3 的关系：$\delta_1 < \delta_2 < \delta_3$，如图 5-20 所示。

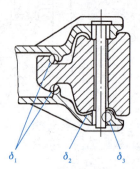

图 5-20　13 号车钩钩腔内各间隙关系
δ_1—牵引突缘间隙；δ_2—护销突缘间隙；δ_3—钩舌销与钩耳孔间隙

这样在牵引时，钩舌牵引突缘与钩锁腔内牵引突缘相接触，传递牵引力，如图 5-21（a）所示。

在冲击时，钩舌冲击突肩与钩体冲击突肩相接触，传递冲击力，如图 5-21（b）所示。由于长期使用，牵引突缘产生磨耗，使 δ_1 扩大，当 $\delta_1 = \delta_2 < \delta_3$ 时，牵引突缘与护销突缘两者共同承受牵引力。

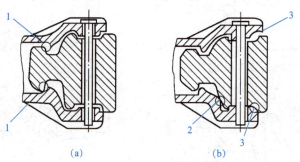

（a）　　　　　　　　　　（b）

图 5-21　13 号车钩受力状态
1—护销突缘受力；2—冲击突缘受力；3—牵引突缘受力

如果各突缘经磨耗后间隙均加大，当 $\delta_1 = \delta_2 = \delta_3$ 时，牵引突缘、护销突缘及钩舌销三者共同承受牵引力。

受冲击力的情况与受牵引力的情况大致相同。冲击突肩磨耗后，护销突缘也承受冲击力，这样就可避免钩舌销受力过大造成折断的状况。所以，在正常情况下，钩舌销是不受力的，只作为钩舌的回转轴。

四、13 号车钩的优缺点

1. 13 号车钩的优点

（1）具有较大的抗拉强度，静拉载荷可达 2 500～3 000 kN。

（2）在钩锁腔及钩舌上除设有牵引突缘外还设有护销突缘，并合理地安排了钩体、钩舌及钩舌销三者之间的间隙，可使钩舌销不受力或较少受力，以充分发挥车钩各部分的材料抗拉能力。

（3）钩舌断面大，弯角过度缓和，裂纹少。

2. 13 号车钩的缺点

（1）由于钩舌重，钩舌尾部与钩锁腔摩擦力大，钩舌推铁踢力不足，在全开位时，钩舌回转缓慢。

（2）钩头大、钩身短、钩头下垂较多。

（3）落锁不明显。

五、13A 型车钩

13A 型车钩是在 13 号车钩的基础上研制开发的，采用了小间隙技术的钩舌，同时在钩身下侧焊装了磨耗板，可有效降低列车冲动，改善列车纵向动力学性能，防止钩体磨耗。13A 型车钩从 2002 年开始在新造及检修货车上推广使用。

13A 型车钩主要技术参数见表 5-1。

表 5-1　13A 型车钩主要技术参数

项目	参数
车钩连接线至钩肩长度 /mm	298.5
钩肩截面外形尺寸 /mm	160×203
最大相对转角（在水平面内）/（°）	6
最大相对转角（在垂直面内）/（°′）	2　11
最大纵向移动间隙 /mm	11.5
横向最大连挂范围 /mm	88
最大允许两车钩中心线高度差 /mm	75
钩体最小静拉破坏载荷 /kN	3 225
钩舌最小静拉破坏载荷 /kN	2 950

 任务实施

任务工单

任务名称	拆装 13 号车钩	指导教师	
班级		组长	

续表

组员姓名	
任务要求	1. 任务名称：拆装 13 号车钩。 2. 任务目的：通过拆装 13 号车钩，掌握车钩的组成及每一个部件的结构，同时提高学生的动手能力。 3. 演练任务：请同学们正确使用工具，拆解和组装 13 号车钩，并且能准确认识每一个部件及其在车钩工作中所起的作用
任务分组	全班同学分为四组，分别轮流拆装 13 号车钩，并在拆装过程中说出每一部件的名称及作用，在一组拆装的同时，其他组同学记录拆装时间及操作规范程度
任务步骤	1. 观察 13 号车钩整体结构分别由哪几部分组成？ 2. 观察 13 号车钩的钩体由哪三部分组成？分别说明其在工作中的作用。 3. 拆解 13 号车钩，正确识别每一个零部件。 4. 正确组装 13 号车钩。 5. 模拟 13 号车钩的三态作用
任务反思	反思在此次任务中自己的完成情况及所获取的知识

任务评价

序号	评价项目	评价内容	分值	自评 30%	互评 30%	师评 40%	合计
1	职业素养	团队合作、交流沟通、互相协作	10				
		责任意识强，态度端正	5				
		主动性强，动手能力强	5				

续表

序号	评价项目	评价内容	分值	自评 30%	互评 30%	师评 40%	合计
2	专业能力	拆解过程中正确掌握结构整体性	10				
		掌握 13 号车钩的受力分析	5				
		掌握 13 号车钩的优缺点	5				
		正确识别钩锁	10				
		正确识别钩舌推铁	10				
		在规定时间内完成对 13 号车钩的拆解	10				
		在规定时间内完成对 13 号车钩的组装	10				
		正确模拟 13 号车钩的三态作用	10				
		清点、检查、维护工具，清扫和整理现场	5				
		遵守行业规范、现场 6S 标准，保质保量地完成相关任务	5				

 任务测评

简答题

1. 13 号车钩的钩头配件有哪些？各零部件的作用是什么？

2. 13 号车钩的三态作用是什么？是如何形成的？怎样判别？

 **拓展阅读**

拓展阅读

任务四　拆解客车车钩

知识目标

1. 掌握 15 号车钩的结构及工作原理。
2. 掌握密接式车钩的工作原理。

技能目标

1. 掌握 15 号车钩的结构及每一部分所起的作用。
2. 简述车钩连挂和摘解的过程。
3. 掌握柴田密接式车钩的工作原理。
4. 了解密接式车钩与普通自动车钩的连挂。
5. 掌握密接式车钩的安装和拆卸。

素养目标

1. 具备良好的职业道德。
2. 具备良好的团队沟通协调能力。
3. 学习传承工匠精神。

任务描述

假如你是一名北京地铁车辆的维修人员，现接到任务，某一车辆采用的柴田式密接式车钩出现故障，开锁位置不良，提不开车钩，请你帮其排除故障。

相关知识

铁路客车使用的车钩均为自动车钩，目前采用的车钩类型有 15 号车钩和密接式车钩。

一、15 号车钩

铁路客车因其车体端部设有通过台，故采用下作用式车钩装置。
我国铁路客车采用的 15 号车钩主要参数见表 5-2。

表5-2　15号车钩主要参数

钩舌高/mm	钩颈（宽×高）/（mm×mm）	钩尾至钩肩距离/mm	钩耳孔形状/mm	钩耳销直径/mm	钩尾（宽×高）/（mm×mm）	尾销孔/(mm×mm)	钩尾销/(mm×mm)	质量/kg
280	176×130	663	$\phi42^{-0.62}_{-1.0}$	$\phi42^{-0.17}_{-0.5}$	圆弧面（130×130）	长圆孔（136×50）	长圆（92×32）	166.4

（一）15号车钩的基本组成

15号车钩由钩体、钩舌及钩头配件等组成，其中钩体分为钩头、钩身、钩尾三部分，如图5-22所示。钩头与钩舌通过钩舌销相连接，钩舌可绕钩舌销转动，钩头内部装有钩锁、钩舌推铁、下锁销等零件。

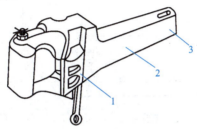

图5-22　15号车钩外形
1—钩头；2—钩身；3—钩尾

（二）15号车钩的构造及作用

1. 构造

（1）钩体。钩体是车钩的基础部分，其他零件与其配合共同行使车钩的功能，如图5-23所示。

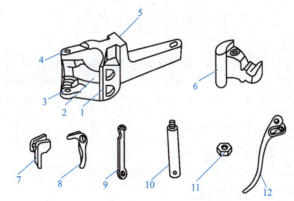

图5-23　15号车钩钩体及配件
1—钩腕；2—钩锁腔；3—下钩耳及孔；4—上钩耳孔；5—钩肩；6—钩舌；7—钩锁；
8—钩舌推铁；9—下锁销；10—钩舌销；11—销螺母；12—圆棒形下锁销杆

1）钩头：主要起车辆摘挂的作用。

①钩腕：在两车钩连挂时，可容纳对方钩舌并控制其横向移动，防止车钩分离，如图 5-24 所示。

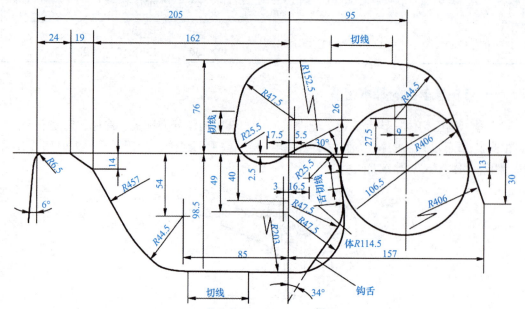

图 5-24　自动车钩连接轮廓（单位：mm）

②钩锁腔：钩头中空部，安装钩头配件，如图 5-25 所示。

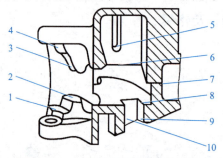

图 5-25　15 号车钩钩锁腔内部结构

1—下冲击突肩；2—下牵引突缘；3—上牵引突缘；4—上冲击突肩；5—钩舌推铁槽；
6—导向挡；7—上防脱（跳）台；8—开锁坐面；9—下防脱（跳）台；10—下锁销孔

③钩耳：安装钩舌用，分上下钩耳。

④钩耳孔：安装钩舌销用。

⑤钩肩：车辆发生过大冲击时，钩肩与冲击座接触，将部分冲击力直接传递给底架后冲击座和牵引梁，避免缓冲器过载。

⑥下锁销孔：安装下锁销用，也是锁脚起落的孔。

2）钩身：用来传递牵引力和冲击力，为空心厚壁箱形结构，具有较大的强度和刚度。

3）钩尾：车钩后端安装钩尾框的部分。其上有钩尾销孔，钩尾端面为圆弧面。

（2）钩舌及钩舌销。

1）钩舌：装在上下钩耳之间，插入钩舌销后以钩舌销为轴转动，利用钩舌的开闭可进行车辆互相连挂和摘解。其上有牵引突缘，传递牵引力，如图5-26所示。

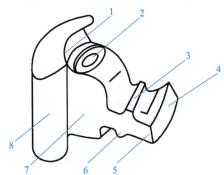

图5-26　15号车钩钩舌

1—钩腕牵引面；2—钩舌销孔；3—上牵引突缘；4—钩舌尾端面；
5—钩舌锁面；6—下牵引突缘；7—内腕；8—钩舌鼻

2）钩舌销：穿过钩耳孔及钩舌销孔，将钩舌与钩体联系在一起，钩舌可绕其转动。正常情况下，钩舌销不受牵引力、冲击力，仅起到转轴作用。

（3）钩头配件。钩头配件包括钩锁、钩舌推铁和下锁销。

1）钩锁：钩头主要的配件，其主要作用：在闭锁位置时，挡住钩舌尾部，使钩舌不能转动，起锁钩作用；在全开位置时，推动钩舌推铁能使钩舌张开。其背部及两侧均为垂直平面，并有导向面，与钩锁腔内导向挡配合，保持钩锁上下移动时正位，上部设全开作用面；钩锁下部为锁脚，锁脚下有开锁座锁面。在开锁位置时，钩锁由于偏心向前倾斜，锁脚后翘，开锁座锁面恰好落在钩头内开锁座锁面上。钩锁背部开有锁销作用槽，下锁销的销轴在其上下滑动，如图5-27所示。

2）钩舌推铁：悬挂在钩锁腔内，上部嵌入钩舌推铁槽内，下端靠在钩舌尾部侧面，全开位置时能踢动钩舌转动，在开锁位置时，可限制钩锁上升，如图5-28所示。

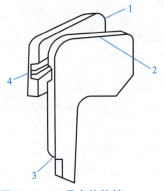

图5-27　15号车钩钩锁

1—导向角；2—全开作用面；3—开锁座锁面；
4—锁销作用槽（十字销凹槽）

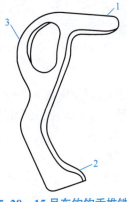

图5-28　15号车钩钩舌推铁

1—全开作用端；2—推铁踢足；3—全开支点

　　3）下锁销：下锁销一端两侧有圆柱形十字销，置于钩锁背部十字销凹槽内，以便推起钩锁。端部除十字销外，还有防脱（跳）止端，以便在闭锁位置起防脱（跳）作用，如图5-29所示。

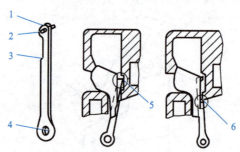

图 5-29　下锁销上下防脱（跳）台及作用

1—上防脱（跳）止端；2—十字销；3—下防脱（跳）止端；
4—下锁销杆销孔；5—上防脱（跳）位置；6—下防脱（跳）位置

2. 三态作用

　　车钩具有闭锁、开锁、全开三个位置，一般称车钩的三态作用。车钩的连挂和摘解通过"三态"作用完成。

　　（1）闭锁位置。车辆连挂后，两个车钩均须处于闭锁位置时才能传递牵引力。

　　如图5-30所示，钩舌转入钩锁腔，钩锁靠自重落下，坐在钩锁腔底部，卡在钩舌尾部侧面和钩锁腔侧壁之间，挡住了钩舌锁面，使钩舌在钩头内不能转动，此时即为闭锁位。

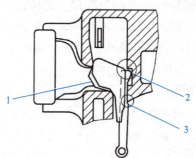

图 5-30　15 号车钩闭锁位置

1—钩锁位置；2—上防脱（跳）位置；3—下防脱（跳）位置

　　为了防止闭锁位置时，钩锁因车辆的振动而自动跳起，造成脱钩事故，车钩还有防脱（跳）装置。当车钩在闭锁位置时，下锁销上端的十字销沿钩锁十字销凹槽滑向后方，下锁销上端的防脱止端正处于钩锁腔内壁的上下防脱（跳）台下方，此时下锁销及钩锁虽受振动但也不能跳起造成脱钩，此种作用称为车钩的防脱（跳）作用。

　　（2）开锁位置。两连挂着的车辆欲要分开，必须有一个车钩处于开锁位置。

　　如图5-31所示，由闭锁位置提起车钩提杆，推动下锁销，下锁销的十字销沿钩锁的十字销凹槽上移，使下锁销的防脱止端脱离钩锁腔内的脱（跳）台。当下锁销继续上升时，带动了钩锁一起上升，钩锁到一定高度后，放下车钩提杆。由于钩锁偏重，上部向前倾转，而腿部向后转动，致使钩锁的开锁坐锁面坐在钩腔内底壁的开锁座上，钩锁不能落下，形成开锁位置，这时钩锁下部的坐锁面与钩舌尾部的上面几乎处在一个平面内。此时的钩锁已不能阻止钩舌转动，因而钩舌在受到牵引力后能绕钩舌销转动，此时即为开锁位置。

（3）全开位置。在车辆彼此连挂之前，必须有一个车钩处于全开位置，才能达到自动连挂的目的。

如图5-32所示，由闭锁位置或开锁位置，用力提起车钩提杆，使钩锁被充分顶起，钩锁的全开作用面推动钩舌推铁的全开作用端，这时钩舌推铁以全开回转支承面与钩锁腔立壁接触面为支点回转，同时钩舌推铁踢足推动钩舌的钩舌推铁面，使钩舌以钩舌销为轴转动张开。此时放下钩提杆，钩锁靠自重落下坐落于钩舌尾部上，形成全开位置。

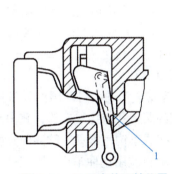

图5-31　15号车钩开锁位置

1—开锁坐锁面位置

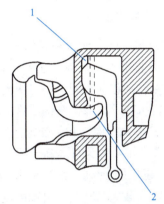

图5-32　15号车钩全开位置

1—钩锁顶动钩舌推铁；2—钩舌推铁踢动钩舌尾部结构

3. 15号车钩的受力分析

15号车钩在钩锁腔内铸有牵引（冲击）突缘（肩），在长期使用中牵引突缘产生磨耗后，受牵引时，由钩舌销、牵引突缘和上下钩耳承受牵引力，如图5-33（a）所示；受冲击时，由上下冲击突肩、钩舌销和上下钩耳共同承受冲击力，如图5-33（b）所示。

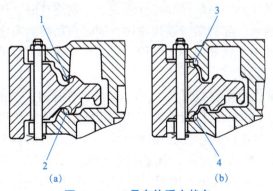

（a）　　　　　　　　　　（b）

图5-33　15号车钩受力状态

（a）受牵引时；（b）受冲击时

1、2—受牵引时的接触点；3、4—受冲击时的接触点

(三) 改进的新型 15 号车钩

随着列车的运行速度、牵引总重的提高，作用在车钩上的载荷也随之加大，从而对车钩强度、运行的平稳性提出了更高的要求，因此，目前新型客车上均采用小间隙 15 号车钩、15 号高强度车钩。

小间隙 15 号车钩在结构、作用原理上与 15 号车钩基本相同，不同之处是改变了车钩钩头轮廓图形，缩小了两车钩连挂之间的间隙及车钩尾部和前从板的间隙；15 号高强度车钩采用低合金铸钢，主要有原长春客车厂（现长春轨道客车股份有限公司）的材质为 ZG25MnCrNiMo 的 15C 型车钩和原四方机车车辆厂（现中车青岛四方机车车辆股份有限公司）的材质为 ZG15H1、ZG15H2 的 15H 型车钩。

二、密接式车钩

高速列车、城市地铁和轻轨车辆的牵引缓冲装置常采用机械气路、电路均能同时实现自动连接的密接式车钩。这种车钩属于刚性自动车钩，它要求在两钩连接后，其间没有上下和左右的移动空间，而且纵向间隙也限制在很小的范围之内（1～2 mm）。这对提高列车运行平稳性，降低车钩零件的磨耗和噪声均有重要意义。

密接式车钩的构造和工作原理与上述的一般车钩完全不同，目前国内外常见的有三种结构形式：第一种为日本新干线高速列车上所采用的柴田式密接式车钩，我国北京地铁车辆的车钩即属于此列；第二种为 Scharfenberg 型密接式车钩，常见于欧洲国家所制造的地铁、轻轨及高速车辆上，由德国制造的上海地铁车辆也装用这种车钩；第三种为德国的 BSI-COMPACT 型密接式车钩。

另外，我国 160 km/h 速度等级客车采用了四方车辆研究所专门为 25T 型客车研制的密接式牵引缓冲装置，型号为 MJGH-25T。

(一) 柴田式密接式车钩

图 5-34 所示为柴田式密接式牵引缓冲装置，它由密接式车钩、橡胶缓冲器、风管连接器、电气连接器和风动解钩系统等几部分组成。车辆连挂时，依靠两车钩相邻钩头上的凸锥和凹锥孔相互插入，起到紧密连接作用，同时自动将两车之间的电路、空气管路接通，并起到缓和连挂中车辆间的冲击作用。在两车分解时，也可自动解钩，并自动切断车辆间的电路和空气通路。

车钩的连挂与分解作用原理如图 5-35 所示。两钩连挂时，凸锥插进对方相应的凹锥孔中。这时凸锥的内侧面在前进中压迫对方的钩舌转动，使解钩风缸的弹簧受压，钩舌沿逆时针方向旋转 40°。当两钩连接面相接触后，凸锥内侧面不再压迫对方的钩舌，此时，由于弹簧的作用，使钩舌顺时针方向旋转恢复到原来的状态，即处于闭锁位置。

要使两钩分解，需由司机操纵解钩阀，压缩空气由总风管进入前车（或后车）的解钩风缸，同时经解钩风管连接器送入相连挂的后车（或前车）解钩风缸，活塞杆向前推并带动解钩杆，使钩舌逆时针方向转动至开锁位置，此时两钩即可解开。如果采用手动解钩，只要用人力推动解钩杆，也能使钩舌转动至开锁位置实现两钩的分解。

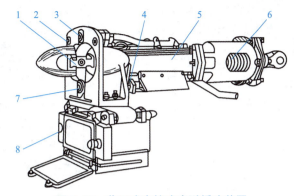

图 5-34 柴田式密接式牵引缓冲装置
1—钩舌；2—解钩风管连接器；3—总风管连接器；4—截断塞门；
5—钩身；6—缓冲器；7—制动风管连接器；8—电气连接器

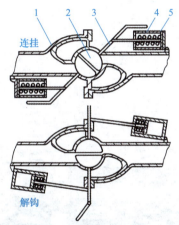

连挂

解钩

图 5-35 密接式车钩的连接与分解作用原理
1—钩头；2—钩舌；3—解钩杆；4—弹簧；5—解钩风缸

（二）MJGH-25T 型密接式牵引缓冲装置

1. 密接式牵引缓冲装置的组成及性能指标

（1）密接式牵引缓冲装置的组成。密接式牵引缓冲装置主要由车钩安装及吊挂系统、缓冲系统和连挂系统三大部分组成，如图 5-36 所示。

（2）密接式牵引缓冲装置的性能特点。

1）可实现自动连挂，连挂状态纵向平均间隙不大于 1.5 mm。

2）在使两车可靠连挂的同时，保证列车能顺利通过现有线路所有平竖曲线。

3）缓冲和吸收列车运行过程中车辆之间的纵向冲击能量。

4）解钩采用人工作业。

5）密接式车钩不能直接与普通车钩连挂，如特殊情况下要求车组与装普通车钩的机车车辆连挂，可采用配备的专用过渡车钩。

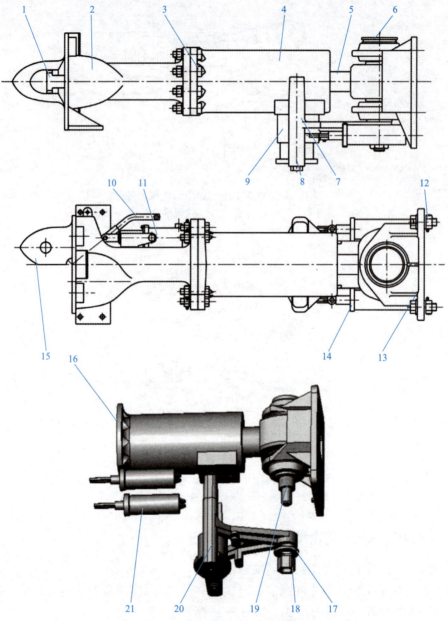

图 5-36　密接式牵引缓冲装置名称图

1—钩舌；2—钩体；3—连接螺栓；4—缓冲器；5—车钩拉杆；6—钩尾销；7—支架；
8—钩高调整位置；9—支承弹簧盒；10—解钩手柄；11—解钩风缸；12—安装螺栓螺母；
13—安装座；14—水平复原弹簧盒；15—凸锥；16—缓冲器组成；17—钩尾销垫圈；
18—钩尾销螺母；19—支架轴套；20—吊挂系统；21—复原弹簧盒装置

2. 密接式牵引缓冲装置的主要技术指标

密接式牵引缓冲装置的主要技术指标见表 5-3。

表 5-3 密接式牵引缓冲装置的主要技术指标

项目	参数
整体抗拉伸破坏强度 /kN	≥ 2 000
缓冲器性能参数：初压力 /kN	≤ 30
缓冲器性能参数：阻抗力 /kN	≤ 800
容量 /kJ	≥ 30
行程 /mm	73
车钩平均连挂间隙 /mm	≤ 1.5
水平转角 / (°)	≥ ±17
垂直转角 / (°)	≥ ±4

3. 密接式牵引缓冲装置的安装和拆卸要求

密接式牵引缓冲装置的安装位置在车体牵引梁的专用安装板上，安装座的厚度根据具体的技术文件确定。安装前，应先用垂球检测车钩安装板的垂直度，垂直度应为 90°（允许上翘 15′）。

（1）该装置通过 4 个 M38 螺栓固定在车体对应安装座上，组装时应加弹簧、平垫圈及防松开口销，应采用测力扳手作业，紧固扭矩为 800 ~ 900 N·m。

（2）密接式牵引缓冲装置安装后，钩体凸锥顶点距轨面的垂直距高为（880±30）mm。

（3）拆卸密接式牵引缓冲装置，将钩体支撑水平，拆下 4 个 M38 安装螺栓。

4. 密接式牵引缓冲装置的使用

（1）列车连挂要求。密接式牵引缓冲装置可以实现列车自动连挂。连挂时，要求连挂速度不大于 5 km/h。

（2）列车解钩方法。密接式牵引缓冲装置的解钩由人工完成。具体操作过程规定如下：

1）确认手柄定位销位于解钩手柄的销孔中（图 5-37 位置 1），不能位于钩体的销孔中（图 5-37 位置 2）。

2）机车向后微退，使待分解车钩处于受压状态。

3）扳动解钩手柄至解钩位，在钩体销孔内插上手柄定位销（图 5-37 位置 2），之后操作人员离开操作位置。

4）机车向前运动，将待分解车钩拉开。

5）操作人员进入操作位置，拔出手柄定位销，使车钩处于待挂状态，并将定位销插回解钩手柄的销孔中（图 5-37 位置 1）。

（3）牵引缓冲装置组装要求。密接式车钩与缓冲器之间的组装由 8 个 M30 连接螺栓完成。组装时必须加平垫圈、弹簧垫圈及防松开口销，应使各螺栓紧固力保持一致，采用测力扳手作业，紧固扭矩为 600 ~ 700 N·m。

（4）牵引缓冲装置分解方法。

1）将密接式车钩与缓冲器之间 8 个 M30 连接螺栓拆下即可分解。

2）缓冲器的分解必须在压力机上进行，原则上应返厂分解维修。

3）缓冲吊挂系统的支架可以在不拆卸车钩的情况下在车上进行更换，具体操作步骤如下：

①拆下水平复原弹簧盒与支架的连接轴销上的开口销，然后拆下连接轴销。

②拆下钩尾销螺母。

③用千斤顶水平支撑支架，缓慢下落使支架与钩尾销脱开，下落过程中注意保持支架水平。

④组装过程与上述三个步骤相反。

（5）过渡车钩的使用方法。密接式牵引缓冲装置需要与普通自动车钩连挂时，必须采用过渡车钩。为了方便运用，一般提供两种不同形式的过渡车钩。

图 5-38 所示是中间体过渡车钩，使用时安装在密接式牵引缓冲装置钩体与普通自动车钩之间，运用比较方便，但只能用于厂内和站线上单车调行使用。使用方法如下：

1）使待挂的 13 号或 15 号车钩置于闭锁位，将过渡车钩在竖直面内从上到下套入 13 号或 15 号车钩钩舌内。

2）保持速度 1 km/h 以下开动机车，使过渡车钩与密接式牵引缓冲装置连挂到位。

注意：中间体过渡车钩不允许长期直接安装在处于分解状态的密接式牵引缓冲装置钩体上，以免压坏支撑弹簧盒。

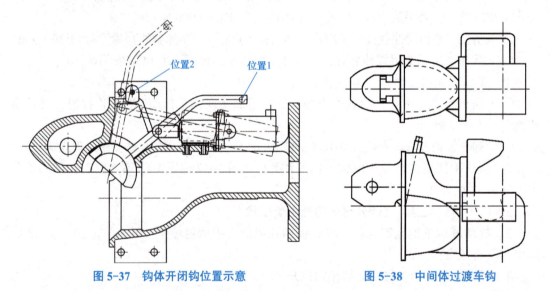

图 5-37　钩体开闭钩位置示意　　　　图 5-38　中间体过渡车钩

图 5-39 所示是 15 号法兰盘过渡车钩，这种过渡车钩结构简单，抗拉强度达到 1 800 kN。使用时需将密接式牵引缓冲装置的钩体部分拆下，换装 15 号法兰盘过渡车钩，安装操作过程与密接式牵引缓冲装置组装要求相同。

（6）车钩高度调节方法。密接式牵引缓冲装置安装后钩高应在（880±30）mm 范围内，测牵引缓冲装置高度时，应测量钩体凸锥顶点与轨面的垂直距离。车体上车钩安装中心线高度为（880±10）mm，确定车钩安装中心线高度时，应测量车体底架车钩安装板上由 4 个安装螺栓形成的矩形几何中心与轨面的垂直距离。

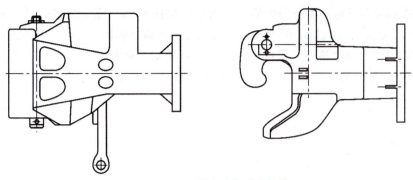

图 5-39　15 号法兰盘过渡车钩

密接式牵引缓冲装置产品出厂时已经完成了钩高调整，可以保证牵引缓冲装置整体水平，在正常条件下装车后无须对密接式牵引缓冲装置的车钩高度进行调整。如果牵引缓冲装置装车后高度超过规定的范围，可以对牵引缓冲装置的高度进行调整。钩高调整是通过增加或减少吊座板与支架底板间的调整垫圈数量来实现的。调整垫圈为标准件〔《平垫圈 C 级》（GB/T 95—2002）〕C 级平垫圈，性能等级 100 HV。公称厚度为 3 mm，规定厚度范围 2.4 ～ 3.6 mm。由于标准件厚度波动范围较大，使用前应对调整垫圈的厚度进行测量，钩高调节如图 5-40 所示，操作过程如下。

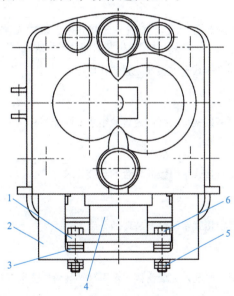

图 5-40　车钩高度调节示意
1—吊座板；2—支架；3—调整垫圈；4—支撑弹簧盒；5—M16 螺母；6—M16 螺栓

1）保持车钩处于连挂状态。若车钩在待挂状态，应将整个车钩缓冲器支撑水平，使支撑弹簧盒与钩体脱离，支架处于松弛状态。

2）松开支撑弹簧盒左右两侧的 M16 螺母，拆下 2 个 M16 定位螺栓。

3）增加或减少吊座板与支架底板之间的调整垫圈，可以增加或降低牵引缓冲装置的高度。

机车总体及走行部

4）钩高调整到规定高度范围内后，紧固 2 个 M16 螺母，固定调整垫圈和吊座板。

牵引缓冲装置高度调整范围为向上 54 mm（加上调整垫圈），向下 40 mm（撤去调整垫圈）。需要加减的调整垫圈数量按需要的调整量和调整垫圈的实际厚度计算决定。根据牵引缓冲装置的结构尺寸，调整垫圈厚度每增加或减少 1 mm，钩体凸锥顶点处的车钩高度增加或减少 4.5 mm。

 任务实施

任务工单

任务场景	校内实训室		指导教师	
班级			组长	
组员姓名				
任务要求	1. 任务名称：密接式牵引缓冲装置的安装及拆卸。 2. 任务目的：通过对密接式牵引缓冲装置的安装及拆卸，掌握密接式牵引缓冲装置的作用，同时提高学生的动手能力。 3. 演练任务：请同学们正确使用工具，完成对密接式牵引缓冲装置的安装及拆卸			
任务分组	全班同学分为四组，轮流完成密接式牵引缓冲装置的安装及拆卸，在一组同学拆装的同时，其他组同学记录拆装时间及操作规范程度			
任务步骤	1. 简述密接式牵引缓冲装置的作用原理。 2. 掌握密接式牵引缓冲装置的组成及性能指标。 3. 掌握密接式牵引缓冲装置的组装要求。 4. 掌握密接式牵引缓冲装置的分解方法。 5. 在规定时间内完成密接式牵引缓冲装置的安装及拆卸			
任务反思	反思在此次任务中的收获及需要改进的地方			

任务评价

序号	评价项目	评价内容	分值	自评 30%	互评 30%	师评 40%	合计
1	职业素养	具有团队合作能力，交流沟通能力，互相协作能力	10				
		具有扎实严谨的工作作风	5				
		主动性强，动手能力强，能正确使用工具	10				
2	专业能力	拆解过程中正确掌握结构整体性	10				
		掌握密接式牵引缓冲装置的组成	10				
		在规定时间完成密接式牵引缓冲装置的安装	10				
		在规定时间完成密接式牵引缓冲装置的拆卸	10				
		掌握列车解钩的方法	10				
		掌握车钩高度调节方法	10				
		拆解过程严肃认真、精益求精	10				
		遵守行业规范、现场 6S 标准，保质保量地完成相关任务	5				

任务测评

简答题

1. 15 号车钩的钩头配件有哪些？各零部件的作用是什么？
2. 15 号车钩的三态作用是什么？是如何形成的？怎样判别？
3. 柴田式密接式车钩由哪些部分组成？
4. 密接式牵引缓冲装置的性能特点有哪些？

拓展阅读

拓展阅读

模块 六

了解制动装置

📖 项目简介

在机车车辆上为了达到制动目的而装设的设备叫作制动装置。制动装置是提高列车运行速度、增加牵引重量和提高调车作业效率的重要条件。那么火车到底是怎样停下来的呢？火车各节车厢又是如何保证同步的？接下来，我们一起来学习吧。

任务一　制动装置及常见制动方式解析

知识目标

1. 了解制动装置的发展史。
2. 知晓常见的制动方式。

技能目标

1. 掌握制动方式的分类。
2. 掌握不同制动方式的工作原理。

素养目标

1. 具备良好的职业道德。
2. 具备良好的团队沟通协调能力。
3. 学习传承劳动精神。

任务描述

　　列车制动装置是用来实现列车减速或停止运行，保证行车安全的设备。通过本任务可以了解机车常见的制动方式及制动机分类。假设你是一名普通铁路工作人员，请选定一种制动方式和制动机进行简要介绍，并阐明其工作原理和优缺点，以小组的形式使用PPT汇报展示。

相关知识

序号	内容	讲解视频
1	视频_机车常用制动夹钳装置认知	

续表

序号	内容	讲解视频
2	常见制动方式	

一、制动装置概述

早期的列车制动，主要依靠手制动机，在工作中，须设置若干名制动员，当列车运行中需要制动时，司机发出信号，由制动员们分别操纵每一节车上的手制动机进行制动。在较恶劣环境中，制动员的劳动强度非常大，更主要的是难以保证各车辆制动的同时性，从而造成严重的制动冲击，影响列车制动效果。

1869 年，美国工程师乔治·威斯汀豪斯从空气钻岩机中得到启发，发明了用空气压力作为动力来源的制动机——直通式空气制动机。直通式空气制动机属于气动装置，并且由司机单独操纵，所以与人力制动相比，提高了列车制动的同时性，减小了制动冲击，改善了列车的制动效果。但是，由于直通式空气制动机自身的工作机理，使其在运用过程中存在着致命的弱点——当列车分离时，列车将失去制动作用。

1872 年，乔治·威斯汀豪斯在直通式空气制动机的基础上，研制出一种新型的空气制动机——自动空气制动机。自动空气制动机克服了直通式空气制动机的致命弱点，从而在铁路运输中得到了广泛的运用，甚至直到科技高度发达的今天，世界各国的铁路列车使用的空气制动机，其工作机理均源于自动空气制动机。

我国机车制动机的发展与牵引动力的变革息息相关。在蒸汽牵引为主的年代里，使用仅适应于单端操纵的 ET-6 型机车空气制动机。20 世纪 60 年代初期，ET-6 型机车空气制动机演变成适应双端操纵的 EL-14A 型机车空气制动机，并首先在电力机车上装用，之后运用于内燃机车，从而改变了我国长期单一使用 ET-6 型机车空气制动机的落后面貌。为适应铁路运输的需求，我国机车制动技术取得了突破性发展。在 20 世纪 70 年代后期，相继研制成功了 JZ-7 型机车空气制动机和 DK-1 型电空制动机，并在 20 世纪 80 年代初期开始批量装车使用。在 20 世纪 90 年代，制动机的重联、列车电空制动控制、制动机与列车运行监控记录装置的配合、空电联合制动等新技术也逐步在 JZ-7 型机车空气制动机和 DK-1 型电空制动机上得到了广泛的应用。

随着我国铁路牵引动力的发展及以交流传动为核心的先进技术在机车上的应用，列车朝着重载、高速的方向发展，这对列车制动系统提出更新、更高的要求：减少车辆间及列车的制动冲动，缩短制动距离，充分利用动力制动以减少基础制动装置的机械磨耗，提高制动系统的可靠性和安全性，实现制动故障检测、故障诊断、故障显示与报警、故障记录功能。目前，在我国电力机车上广泛使用的电空制动机主要有 DK-1 型电空制动机、CCB Ⅱ 制动机和法维莱 Eurotrol 制动机。

讨论题 1：大家知道我国电力机车是如何刹车的吗？

二、常见制动方式

（一）闸瓦制动或盘形制动

目前，我国广泛使用闸瓦摩擦式制动装置或盘形制动装置，其制动方式如图 6-1 所示，在闸瓦（或闸片）压力作用下，闸瓦压紧滚动的车轮踏面（或制动轮盘），与车轮踏面（或制动盘）产生摩擦，将列车的动能转化为热能后消散于大气，从而达到使列车减速或停车的目的。

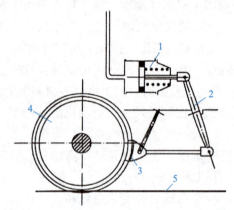

图 6-1　制动方式（闸瓦制动或盘形制动）
1—制动缸；2—基础制动装置；3—闸瓦；4—车轮；5—钢轨

闸瓦（或闸片）压紧车轮踏面（或制动盘），阻止车辆或列车运行的作用称为制动作用；消除制动的作用，称为缓解作用。制动时从司机将大闸手把置于制动位起，到列车停车为止，列车所走行的距离称为制动距离。为了保证列车的运行安全，能使列车在规定的距离内停车，制动装置必须具有足够的制动能力。

（二）再生制动

再生制动是指制动时，将电力机车或用电力牵引的摩托车组的牵引电动机转变为发电机，将列车的动能转变为电能反馈回电网，供电网范围内的其他列车牵引使用，是将列车的动能转变为可利用的电能的制动方式。

（三）电阻制动

电阻制动用于电力机车、用电力传动的内燃机车、摩托车组或地下铁道车辆。制动时，变牵引电动机为发电机，将发出的电能消耗于电阻，用于控制速度。其优点是效率高，不会发生长时间抱死车轮的现象，高速时制动力大，但低速时它的效率就降低，并且一般列车带电动机的比例不大，故受到一定限制，常与空气制动机配合使用。

三、制动机分类

根据动力来源及操作方法，制动机主要有以下几种。

（一）自动空气制动机

自动空气制动机是以压缩空气为动力的制动机，也是目前世界上广泛采用的制动机。它的特点是"排风（减压）制动，充气（增压）缓解"。向制动管输送压缩空气时，总风缸的压缩空气经制动主管、支管送入车辆上设置的副风缸"储存"起来，同时可使制动状态的制动机缓解下来。制动时，以制动主管内的压缩空气减少为信号，通过车辆上的分配阀（或控制阀），将储存于副风缸内的压缩空气送入制动缸产生制动作用。

（二）电空制动机

电空制动机是以压缩空气为动力，用电来操纵控制的制动机。为防止电控系统发生故障导致列车失去制动控制，现今的电空制动机仍保留压缩空气操纵装置，以备在电控系统发生故障时，能自动转为压缩空气操纵。电空制动机的最大优点是全列车能迅速发生制动和缓解作用，列车前后部制动机动作一致性较好，列车纵向冲击较小，制动距离短。同时，在折角塞门被关闭后仍能实行制动作用。电空制动机适用于高速旅客列车和长大货物列车。

（三）轨道电磁制动机

轨道电磁制动机又称为电磁制动机，轨道电磁制动机安装在转向架两轮对之间的轨道上方，靠装在转向架上的升降风缸将电磁铁提起，使之与轨面保持一定距离。制动时将电磁铁放下至轨面，并接通励磁电流，使电磁铁以一定的吸力吸附在轨面上，产生摩擦力而起制动作用。此种制动机一般与空气制动机一起使用在高速旅客列车上。

（四）人力制动机

人力制动机（图6-2）是以人力为动力的制动机，即利用人力转动手把或手轮，以链条带动或用杠杆拨动的方法使闸瓦压紧车轮踏面而达到制动目的。它构造简单，使用方便，广泛用于就地制动或调车作业。人力制动机的基本原理为人、杠杆力、机械摩擦。它的缺点是制动性能低、纵向冲动大。

图6-2 人力制动机

人力制动机的操作步骤如下：

（1）人力制动机的选择（选闸）。选标不选杂；选大不选小；选重不选空；选高不选低；选前不选后；选对口闸。

（2）试闸。停车试闸就是在相对静止状态下进行试闸，一般在列车到达并排风、摘管后进行。若仅判断有无反弹作用力，一般在牵出时进行试闸。停车试闸的方法为"一看、二拧、三蹬、四松"。牵出试闸是判断手闸性能好坏的一种方法，其作业程序为"一听、二看、三感觉"。牵出试闸判断人力制动机作用是否良好的办法如下：①以弹力判断。制动力很强的人力制动机，试闸时有很强的反弹力产生。②听声音判断。听到车轮踏面与闸瓦摩擦时发出"吱、吱……"的声音就是好闸。③看车钩伸缩状态判断。试闸时，被试验的车辆减速，其前端车钩呈拉伸状态，后端车钩呈压缩状态。

（3）磨闸。经试闸后，如有必要可进行磨闸，以增强制动力，如在雨、露、霜、雪等天气；装载酸、盐、油类等货物的车辆，由于种种原因，有可能溅到车轮踏面或闸瓦上，影响制动力，也需要磨闸。但磨闸时间不能过长，否则闸瓦发热，反而会降低制动力。

（4）拧闸。拧闸的方式通常有端闸和勒闸两种。用于制动目的的拧闸方法，可分为顿拧、紧拧和死拧三种。顿拧即通常所说的一紧一松的惰力制动方法，一般用在车速较高，距停留车较远时。紧拧，在距停留车较近，车组溜行速度虽不太高，但在连挂前尚需降低车组速度时使用。死拧即拧死闸，在使用顿拧、紧拧以后，与停留车连挂前仍需降低速度或防止撞车时使用。

讨论题2： 让你去操作人力制动机，你能让火车停下来吗？

 **任务实施**

任务工单

任务场景	校内实训室		指导教师	
班级			组长	
组员姓名				
任务要求	1. 任务名称：了解制动装置及常见制动方式。 2. 任务目的：了解制动装置及常见制动方式，学会利用资源，提高资源整合能力。 3. 演练任务：请同学们对制动装置及常见制动方式进行讲解			
任务分组	在这个任务中，采用分组实施的方式进行，4～8人为一组，通过学生自荐或推荐的方式选出组长，负责本团队的组织协调工作，带头示范、督促、帮助其他组员完成相应工作			

续表

任务步骤	1. 假设你是一名普通铁路工作人员，请对制动装置及常见制动方式进行简要介绍。 2. 每个小组分别介绍一种制动机，阐明其工作原理 3. 介绍每种制动机现在应用于哪些机车，其制动效果如何。 4. 阐明每种制动机的优缺点，小组讲述完成后，由教师进行总结
任务反思	请写出你掌握的新知识点，并完成本次任务中的自我评价

任务评价

序号	评价项目	评价内容	分值	自评 30%	互评 30%	师评 40%	合计
1	职业素养	具有团队合作能力，交流沟通能力，互相协作、分享能力	10				
		主动性强，能保质保量地完成工作页相关任务	10				
		具有精益求精的工匠精神	10				
		能采取多样化手段收集信息、解决问题	10				
2	专业能力	报告的内容全面、完整、丰富	10				
		了解制动装置及常见制动方式	10				
		掌握常见制动方式的工作原理及应用场景	10				
		掌握制动机的分类及各制动机工作原理	10				
		了解并区分各制动机的优缺点	10				
		语言表达准确、严谨，逻辑清晰，结构完整	10				

任务测评

一、单选题

1. 制动时从司机将大闸手把置于制动位起，到列车停车为止，列车所走行的距离称为（　　）。

　　A．制动位置　　　B．制动距离　　　C．制动路程　　　D．制动里程

2. 再生制动是将列车的动能转变为可利用的（　　）的制动方式。

　　A．电能　　　　　B．机械能　　　　C．化学能　　　　D．热能

3. 人力制动机停车试闸就是在（　　）状态下进行试闸。

　　A．相对静止　　　B．相对运动　　　C．绝对运动　　　D．任意

二、简答题

1. 简述闸瓦摩擦式制动装置的工作原理。

2. 根据动力来源及操作方法，制动机分为哪几种？

3. 人力制动机的操作步骤有哪些？

拓展阅读

拓展阅读

任务二　列车自动空气制动机解析

知识目标

1. 了解列车自动空气制动机。
2. 了解列车自动空气制动机的主要组成部分。

技能目标

1. 掌握列车自动空气制动机基本工作原理。
2. 掌握充风缓解、排风制动和制动后保压的具体工作过程。

素养目标

1. 具备良好的职业道德。
2. 具备良好的团队精神和沟通协调能力。
3. 具备科学的精神和态度。

任务描述

列车自动空气制动机是空气制动机的一种。当向沿列车全长铺设的列车管中充入压力空气，即列车管增压时，列车的制动作用缓解；当操纵列车管中的压力空气排出，即列车管减压时，列车产生制动作用。将学生分组，分别查阅相关资料，找出装在机车和车辆上的制动部件，简述其作用和工作原理，最后阐明自动空气制动机的作用原理。

相关知识

序号	内容	讲解视频
1	列车自动空气制动机的组成及基本作用原理	

一、列车自动空气制动机的主要组成部分

（一）装设在机车上的部件

（1）空气压缩机。空气压缩机又称风泵，用以产生压缩空气，供制动系统及其他风动装置使用。在空气制动机中，习惯上称压缩空气为风或气。

（2）总风缸。机车储存压缩空气的容器，总风缸内空气压力为 750 ～ 900 kPa。

（3）电空制动控制器。电空制动控制器又称为大闸，是 DK-1 型电空制动机的操纵部件，当司机操纵电空制动器时，通过控制相关电路的闭合与开断，即产生电信号，来控制全列车制动系统进行制动、缓解与保压。

如图 6-3 所示，其手柄共 6 个作用位置，分别如下：

1）第一位：过充位。初充气和再充气时，加速列车制动管的充气，使全部车辆快速缓解，但机车保压。手柄在此位置时，总风缸的风经中继阀向列车管快速充气，使列车管得到比规定压力高 30 ～ 40 kPa 的过充压力。

2）第二位：运转位。它是列车正常运行时或制动后缓解时所放的位置，此位置总风缸的风经中继阀向列车管充气，机车分配阀的作用管排气，使全列车制动。

3）第三位：中立位。全列车保压。

4）第四位：制动位。在此位置均衡风缸控制列车管减压，使全列车制动。

5）第五位：重联位。它是联机车、无动力回送机车以及本务机车非操纵端的电空制动控制器所在的位置。在此位置时，应取出大闸手柄，不控制列车制动系统。

6）第六位：紧急制动位。此位置列车管气体经电动放风阀和紧急阀大量排气，使全列车迅速产生紧急制动作用。

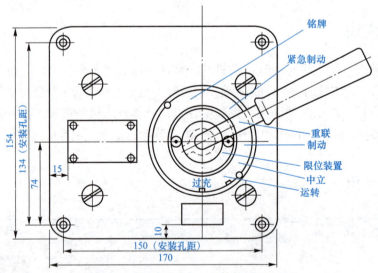

图 6-3　电空制动控制器（大闸）的手柄位置（单位：mm）

在 DK-1 型电空制动机上还有一个操纵阀即空气制动阀（也称小闸），用于"电空位"（正常运行）下单独控制机车的制动、缓解和保压，以及"空气位"（故障运行）下控制全

列车的制动、缓解和保压。

（二）装设在车辆上的部件

（1）副风缸。每辆车辆储存压缩空气的容器。缓解时，总风缸经调压后的压缩空气通过控制阀（或分配阀）进入副风缸储存；制动时副风缸内的压缩空气又经控制阀（或分配阀）直接进入制动缸。

（2）控制阀（或分配阀）。根据制动管内空气压力的变化来控制压缩空气的流向，使制动机形成制动、保压或缓解作用，为空气制动机中最主要且复杂的部件。

（3）制动缸。将压缩空气的压力转变为制动动力的部件。利用压缩空气推动制动缸活塞，压缩缓解弹簧，再通过基础制动装置的作用将制动推杆的推力传递到制动梁，使闸瓦压紧车轮，产生摩擦力而起制动作用。

在机车车辆上，除了上述部件外，还设有制动管、制动软管及折角塞门等，以便机车车辆连挂后传送压缩空气。

讨论题1： 机车和车辆装有列车自动空气制动机哪些部件？各有什么功能？

二、列车自动空气制动机的基本作用原理

（一）充风缓解作用

如图6-4所示，司机将大闸手柄置于运转位，大闸等部件将总风缸与列车制动管的空气通路连通，总风缸的高压空气经调压阀调整到规定压力后进入列车制动管，使制动管增压，再通过控制阀（或分配阀）的作用，使制动管的风（压缩空气）经控制阀（或分配阀）进入副风缸储存，以备制动时使用。此过程称为充风作用。

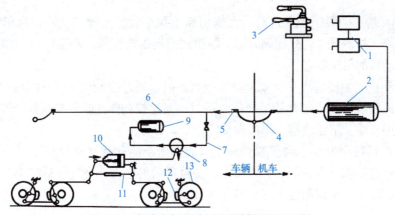

图6-4 自动空气制动机充风缓解作用示意

1—空气压缩机；2—总风缸；3—自动制动机；4—制动软管；5—折角塞门；6—制动主管；
7—制动支管；8—控制阀；9—副风缸；10—制动缸；11—基础制动装置；12—闸瓦；13—车轮

讨论题2： 充风缓解有没有可能变成充风制动呢？该如何去实现？

（二）排风制动作用

如图6-5所示，司机将大闸手柄置于制动位时，大闸等部件遮断总风缸与列车管的空气通路，连通制动管与大气的通路，则制动管的风经排气口排向大气，使制动管呈减压状态，通过控制阀（或分配阀）的作用，使副风缸的风经控制阀（或分配阀）进入制动缸；推动制动缸活塞，压缩缓解弹簧，伸出活塞杆，经基础制动装置的联动，使闸瓦压紧车轮踏面而起制动作用。

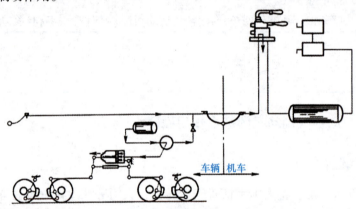

车辆　机车

图6-5　自动空气制动机制动作用示意

（三）制动后保压作用

司机将大闸手柄置于中立位时，大闸切断了列车管的充排气气路，列车管压力既不上升也不下降，控制阀（或分配阀）切断制动缸的充排气气路，制动缸内气体压力保持不变，处于制动后的保压状态。

列车制动机的主要特点是制动管呈增压状态时，通过控制阀（或分配阀）的作用，使制动机起充风缓解作用；制动管呈减压状态时，通过控制阀（或分配阀）的作用，使制动机起制动作用，即"增压缓解，降压制动"。

若列车在运行中发生了列车脱钩分离事故，由于制动软管被拉断，制动管的风压急剧降低，通过控制阀（或分配阀）的作用，使分离后的全部车辆（包括机车）迅速、自动地产生制动而停车，从而保证了安全行车。

 **任务实施**

任务工单

任务场景	校内实训室	指导教师	
班级		组长	
组员姓名			
任务要求	1. 任务名称：认识列车自动空气制动机。 2. 任务目的：了解列车自动空气制动机，学会利用资源，提高资源整合能力。 3. 演练任务：请同学们对列车自动空气制动机的部件及其作用进行复述，能准确阐明自动空气制动机的基本作用原理		
任务分组	在这个任务中，采用分组实施的方式进行，全班分为2组，通过学生自荐或推荐的方式选出组长，负责本团队的组织协调工作，带头示范、督促、帮助其他组员完成相应工作		
任务步骤	1. 两个小组分别找出装在机车和车辆上的制动部件。 2. 车辆组和机车组分别介绍装在机车和车辆上的制动部件，简述其作用和工作原理。 3. 两组通力合作，介绍列车自动空气制动机的基本作用原理，阐明压缩空气的动作路径和制动装置的动作过程		
任务反思	请写出你掌握的新知识点，并完成本次任务中的自我评价		

任务评价

序号	评价项目	评价内容	分值	自评30%	互评30%	师评40%	合计
1	职业素养	具有团队合作能力，交流沟通能力，互相协作、分享能力	10				
		主动性强，能保质保量地完成工作页相关任务	10				
		具有精益求精的工匠精神	10				
		能采取多样化手段收集信息、解决问题	10				

续表

序号	评价项目	评价内容	分值	自评 30%	互评 30%	师评 40%	合计
2	专业能力	报告的内容全面、完整、丰富	10				
		能找出装在机车和车辆上的制动部件	10				
		掌握各制动部件的作用和工作原理	10				
		掌握列车自动空气制动机的基本作用原理	10				
		阐明压缩空气的动作路径和制动装置的动作过程	10				
		语言表达准确、严谨，逻辑清晰，结构完整	10				

◈ 任务测评

一、单选题

1. 作为机车储存压缩空气的容器，总风缸内空气压力一般为（　　）kPa。

    A. 750～900　　　B. 700～850　　　C. 800～900　　　D. 900～1 000

2. 制动缸是将压缩空气的（　　）转变为制动动力的部件。

    A. 阻力　　　　　B. 压力　　　　　C. 动力　　　　　D. 推力

3. 列车制动机的主要特点是制动管呈增压状态时，通过控制阀（或分配阀）的作用，使制动机起（　　）作用。

    A. 排风缓解　　　B. 充风制动　　　C. 充风缓解　　　D. 排风制动

二、简答题

1. 简述列车自动空气制动机的主要组成部分。

2. 制动缸有什么作用？

3. 列车自动空气制动机的基本作用原理是什么？

拓展阅读

拓展阅读

任务三 列车电空制动机解析

知识目标

1. 了解 CCB Ⅱ 制动机。
2. 熟悉 CCB Ⅱ 制动机的主要部件。

技能目标

1. 掌握 CCB Ⅱ 制动机主要部件的构造。
2. 掌握 CCB Ⅱ 制动机主要部件的作用。

素养目标

1. 具备良好的职业道德。
2. 具备良好的团队沟通协调能力。
3. 具备自我学习的习惯、爱好和能力。

任务描述

电空制动机是用电来操纵制动、缓解和保压等作用，以压力空气作为产生制动原动力的制动机，在电控系统发生故障时，一般能自动转为空气操纵。对于电空制动机，你还了解哪些呢？以小组的形式用 PPT 介绍 CCB Ⅱ 制动机的主要部件的构造和作用。

相关知识

序号	内容	讲解视频
1	视频：CCB Ⅱ 结构电控制动系统主要部件的构造及作用	

一、主要部件的构造及作用

CCB Ⅱ 制动机是基于微处理器和 LON 网的电空制动控制系统，除了紧急制动作用由机械阀触发外，其他所有逻辑控制指令均由微处理器发出。

CCB Ⅱ 制动机包括 5 个主要部件：电子制动阀（EBV）、制动显示屏（机车集成）（LCDM）、微处理器（IPM）、继电器接口模块（CJB）、电空控制单元（EPCU）。

（一）电子制动阀（EBV）

电子制动阀是 CCB Ⅱ 制动机的人机接口。操作者通过电子制动阀直接给电空控制单元（EPCU）发送指令，并通知微处理器（IPM）进行逻辑控制。

视频：CCB Ⅱ 型电空制动系统基本设置

电子制动阀采用水平安装结构。自动制动手柄位于左侧，单独制动手柄位于右侧，中间为手柄位置的指示标牌。在 EBV 内部设机械阀，当自动制动手柄置于紧急制动位时机械阀动作，保证机车车辆在任何状态下均能产生紧急制动作用。

自动制动手柄和单独制动手柄均采用推拉式操作方式，并具有自保压特性。自动制动手柄含有运转位、初制动位、全制动位、抑制位、重联位和紧急制动位等操作位置。在初制动位和全制动位之间的是常用制动区。单独制动手柄包含运转位和全制动位等操作位置。在运转位和全制动位之间的是制动区域。通过侧压单独制动手柄可以实现机车的单独缓解功能。

视频：CCB Ⅱ 型电空制动系统气路综合作用

HXD3B 型电力机车所有司机室均装有电子制动阀。当操纵端司机室的机车显示屏被激活，微处理器（IPM）将激活操纵端的电子制动阀，操作者可以用来进行制动控制；此时非操纵端司机室的电子制动阀未被激活，不能够送出制动指令。未被激活电子制动阀的自动制动手柄，需用销子将其锁定在重联位上，以免误动作触发紧急制动，单独制动手柄应放置在运转位。电子制动阀如图 6-6 所示。

图 6-6 电子制动阀（EBV）

左侧：①—运转位；②—初制动位；③—常用制动区；④—全制动位；⑤—抑制位；⑥—重联位；⑦—紧急制动位
右侧：①—运转位；②—制动区；③—全制动位；④—单独缓解位

讨论题：大家知道哪些企业生产电子制动阀吗？它们的产品有什么区别呢？

（二）制动显示屏（LCDM）

HXD3B 型电力机车制动显示屏集成在机车显示屏内，每个司机室的操纵台上都装有一个机车显示屏。制动屏在机车正常操作时，实时显示均衡风缸、制动管、总风缸和制动缸的压力值，也实时显示制动管流量和空气制动模式的当前状况，通过显示屏还可以实时显示制动机故障信息，并将其记录，如图 6-7、图 6-8 所示。

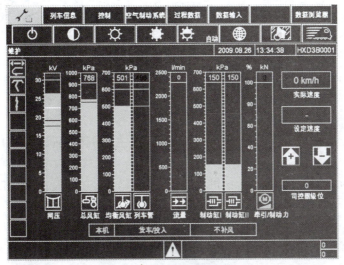

图 6-7　机车显示屏内容 1

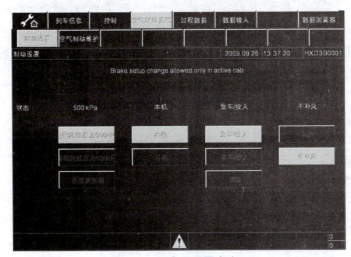

图 6-8　机车显示屏内容 2

通过显示屏还可以对制动机进行如下操作：对制动机各模块进行自检，可以进行本机 / 补机，均衡风缸压力设定，制动管投入 / 切除，客车 / 货车，补风 / 不补风，风表值标定，故障查询等功能的选择和应用。

（三）微处理器（IPM）

微处理器是 CCB Ⅱ 制动机的中央处理器（图 6-9）。可以进行各制动功能的软件运算，并对各部分软件状态进行检测和维护。它处理所有与制动显示屏（LCDM）有关的接口任务，并通过 LON 网络传送制动命令给电空控制单元（EPCU）。

微处理器也通过继电器接口模块（RIM）与机车控制系统（TCMS）和安全装置（ATP）进行通信。

微处理器前端设有 9 个指示灯，用来提供制动系统状态的反馈信息。若制动系统处于正常工作状态，微处理器顶端两个绿色的指示灯处于指示状态，而其他指示灯没有指示信息。各指示灯的具体含义如下：

图 6-9　微处理器（IPM）

（1）POWER——绿色表示微处理器已得电；

（2）CPU OK——绿色表示微处理器工作状况良好；

（3）DP LEAD——绿色表示机车处于动力分散主控机车模式（HXD3 型电力机车无此功能）；

（4）DP REMOTE——绿色表示该机车处于动力分散从控机车模式（HXD3 型电力机车无此功能）；

（5）DP TX A——黄色表示该机车电台 A 正在传输无线信息（HXD3 型电力机车无此功能）；

（6）DP TX B——黄色表示该机车电台 B 正在传输无线信息（HXD3 型电力机车无此功能）；

（7）DP RX——绿色表示该机车正在接收无线信息（HXD3 型电力机车无此功能）；

（8）DP COMM INT——红色表示该机车无线通信故障（HXD3 型电力机车无此功能）；

（9）DATALINK FA——红色表示该微处理器与机车控制系统、电空控制单元或制动显示屏通信失败；

（10）NETWORK FA——红色表示 CCB Ⅱ 系统内部通信失败；

（11）EBV FAIL——红色表示 CCB Ⅱ 系统电子制动阀失效；

（12）EPCU FAIL——红色表示 CCB Ⅱ 系统电空控制单元失效；

（13）EAB BACKUP——红色表示 CCB Ⅱ 系统已进入备份模式。

讨论题： 查找资料，思考微处理器是如何工作的。

（四）继电器接口模块（CJB）

继电器接口模块（图6-10）位于机车制动柜，是微处理器（IPM）与机车进行通信的继电器接口。

（1）信号输入部分包括由安全装置（ATP）产生的惩罚制动和紧急制动与再生制动投入信号、MREP压力开关工作状态信号以及机车速度信号。

（2）信号输出部分包括紧急制动信号、动力切除（PCS）信号、撒砂开关动作信号、再生制动切除信号和重联机车故障信号。

（五）电空控制单元（EPCU）

电空控制单元（EPCU）由电空阀和空气阀组成，用以控制机车空气管路的压力，是制动系统的执行部件，所有电空阀和空气阀集成到八个线路可更换模块（LRU），如图6-11所示。

图6-10　继电器接口模块　　　　图6-11　电空控制单元（EPCU）

其中五个LRU是"智能的"，可以通过软件进行自检并通过LON网络和EBV、IPM进行通信，其功能简述如下：

（1）均衡风缸控制部分（ERCP）。通过改变均衡风缸压力产生制动管控制压力。其功能类似JZ-7型机车空气制动机中自动制动阀内调整阀，以及DK-1型电空制动机中自动制动阀和缓解电磁阀、制动电磁阀联合的作用。

（2）制动管控制模块（BPCP）。制动管控制模块接收来自均衡风缸控制部分控制的均衡风缸的压力，由内部BP作用阀响应其变化并快速产生与均衡风缸具有相同压力的制动管的压力，从而完成列车的制动、保压和缓解。它的作用相当于JZ-7或DK-1系统中中继阀的作用。

（3）控制部分（13CP）。实现单独缓解机车制动缸压力的功能。

（4）控制部分（16CP）。响应列车管的减压量、平均管压力、单缓指令来产生制动缸管的控制压力；功能类似JZ-7系统的分配阀或DK-1系统中分配阀主阀部的作用。

（5）控制部分（20CP）。通过响应列车管减压量及小闸单缓指令产生平均管压力；其作用类似JZ-7或DK-1系统中的重联阀，但平均管的控制压力来源不同。EPCU也包括纯空气控制阀。

（6）制动缸控制部分（BCCP）。响应 16CP 压力变化，产生机车制动缸压力。

（7）DB 三通阀（DBTV）部分。响应制动管的减压量，产生制动缸管的控制压力，可以作为 16CP 的备份模块。

（8）电源接线盒（PSJB）。PSJB 内置电源，为 CCB Ⅱ 制动机供电（将 110 V 转换到 24 V），在外部具有多个接插件，允许 EPCU、EBV、B–IPM 和 RIM 相互连接。

任务实施

任务工单

任务场景	校内实训室	指导教师	
班级		组长	
组员姓名			
任务要求	1. 任务名称：认识 CCB Ⅱ 制动机。 2. 任务目的：了解 CCB Ⅱ 制动机，学会利用资源，提高资源整合能力。 3. 演练任务：请同学们对 CCB Ⅱ 制动机的主要部件及其工作原理进行复述		
任务分组	在这个任务中，采用分组实施的方式进行，全班分为 2 组，通过学生自荐或推荐的方式选出组长，负责本团队的组织协调工作，带头示范、督促、帮助其他组员完成相应工作		
任务步骤	1. 介绍 CCB Ⅱ 制动机的主要部件及其工作原理。 2. 介绍电子制动阀（EBV）、制动显示屏（LCDM）、微处理器（IPM）、继电器接口模块（CJB）、电空控制单元（EPCU）的构造和作用		
任务反思	请写出你掌握的新知识点，并完成本次任务中的自我评价		

任务评价

序号	评价项目	评价内容	分值	自评 30%	互评 30%	师评 40%	合计
1	职业素养	具有团队合作能力，交流沟通能力，互相协作、分享能力	10				
		主动性强，能保质保量地完成工作页相关任务	10				

序号	评价项目	评价内容	分值	自评30%	互评30%	师评40%	合计
1	职业素养	具有精益求精的工匠精神	10				
		能采取多样化手段收集信息、解决问题	10				
2	专业能力	报告的内容全面、完整、丰富	10				
		了解CCB Ⅱ制动机的构造	10				
		掌握CCB Ⅱ制动机工作原理	15				
		了解CCB Ⅱ制动机各部件的作用	15				
		语言表达准确、严谨，逻辑清晰，结构完整	10				

 任务测评

一、单选题

1. 电子制动阀是CCB Ⅱ制动机的（   ），操作者通过电子制动阀直接给电空控制单元（EPCU）发送指令，并通知微处理器（IPM）进行逻辑控制。

    A．人机接口   B．中央处理器   C．执行部件   D．控制中心

2. 微处理器是CCB Ⅱ制动机的（   ），进行各制动功能的软件运算，并对各部分软件状态进行检测和维护。

    A．人机接口   B．中央处理器   C．执行部件   D．控制中心

3. 电空控制单元（EPCU）由电空阀和空气阀组成，用以控制机车空气管路的压力，是制动系统的（   ）。

    A．人机接口   B．中央处理器   C．执行部件   D．控制中心

二、简答题

1. 单独制动手柄如何实现单独缓解功能？

2. 继电器接口模块的信号输入部分包括哪些？

3. 简述电空控制单元的组成和功能。

 **拓展阅读**

拓展阅读

任务四　拆解 120 型空气制动机

知识目标

1. 了解 120 型空气制动机。
2. 了解 120 型空气制动机的组成。

技能目标

1. 掌握 120 型控制阀的组成。
2. 掌握 120 型控制阀的作用原理。

素养目标

1. 具备良好的职业道德。
2. 具备良好的团队沟通协调能力。
3. 学习传承工匠精神。

任务描述

120 型空气制动机是一种广泛应用于货车的制动设备。假设你是维修人员，你能完成对 120 型空气制动机的拆卸组装吗？

相关知识

序号	内容	讲解视频
1	视频：铁路货车的心脏——120 型控制阀	

一、120 型空气制动机

120 型空气制动机是在 103 型空气制动机的基础上，吸收国外先进制动机技术，并

结合我国实际情况研制而成，因采用 120 型空气控制阀（简称 120 阀）而得名。它由 120
阀、副风缸、加速缓解风缸、制动缸、球心截断塞门和远心集尘器联合体、空重车调整
装置、制动主管、制动支管、球心折角塞门及制动软管等组成，其总体结构如图 6-12 所
示。120 型空气制动机的主要部件如下。

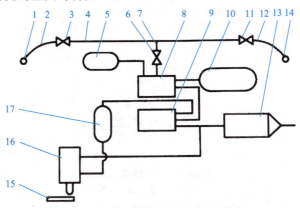

图 6-12　120 型空气制动机组成简图

1、14—制动软管及连接器；2、12—制动软管；3、11—折角塞门；4—制动管；5—加速缓解风缸；
6—截断塞门和远心集尘器组合装置；7—制动支管；8—120 型控制阀；9—比例阀；
10—副风缸；13—制动缸；15—摇枕接触板；16—空重车阀；17—降压气室

1. 制动管

制动管是车辆上贯通压缩空气的通路。贯通车辆车底架全长管路的为制动主管。在
制动主管中部，用丁字形接头分接出一根管路连通控制阀，称为制动支管。

2. 制动软管

制动软管连接相邻各车辆的制动主管，能在列车通过曲线或车辆互相伸缩时保证
压缩空气的畅通。它的一端装有接头可与制动主管连接，另一端装有软管连接器，如
图 6-13 所示（带卡子的软管属于旧型软管）。

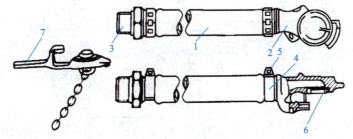

图 6-13　制动软管

1—制动软管；2—软管连接器；3—软管接头；4—卡子；5—螺栓和螺母；6—垫圈；7—防尘堵

3. 折角塞门

折角塞门安装在制动主管的两端，用以开通或关闭制动主管与制动软管之间的压缩
空气通路，以便车辆的摘挂。目前，折角塞门有锥芯式和球芯式两种，大多数货车采用
球芯式折角塞门，如图 6-14 所示。折角塞门上装有手把，扳动手把时，应先向上抬起使

其离开止卡，然后才能向左或向右转动 90°。手把与制动主管平行时为开通位置，手把与制动主管垂直时为关闭位置。

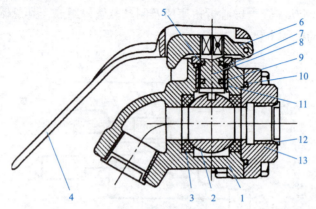

图 6-14　球芯式折角塞门

1—塞门体；2—球芯塞门芯；3—密封垫圈；4—手把；5、7、9、10—O 形密封圈；

6—套口；8—塞门芯轴；11—塞门芯轴套；12—防尘堵；13—盖

4．截断塞门

截断塞门装设在制动支管上远心集尘器的前方。正常情况下，手把与制动支管平行（即开通位置）。当车辆制动机发生故障或因装载货物，需要停止该车辆制动作用时，可将手把扳动到与支管垂直（关闭位置）。目前在新造车上安装的均为球芯式截断塞门和远心集尘器联合体，其结构如图 6-15 所示。

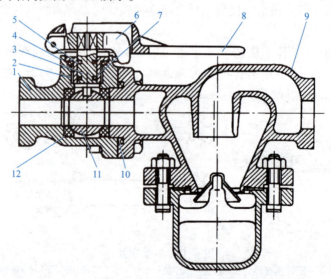

图 6-15　球芯式截断塞门

1—塞门体；2—塞门芯轴套；3—塞门芯轴；4、5、7、10—密封圈；

6—套口；8—手把；9—远心集尘器；11—塞门芯；12—密封垫圈

5．远心集尘器

远心集尘器安装在制动支管上，截断塞门与控制阀之间，用以收集由制动支管压缩空气中带来的尘埃、水分、锈垢等不洁物质，将清洁的空气送入控制阀，保证控制阀的正常作用，其结构如图 6-16 所示。

6. 120 型控制阀

控制阀是车辆空气制动机的主要部件。其结构和工作原理在本节有专门叙述。

7. 副风缸

副风缸吊挂在车底架下部，为圆筒形，是储存压缩空气的容器。制动时，借控制阀的作用将压缩空气送入制动缸，发挥制动作用。副风缸的下部一般装设排水堵，以便排除凝结水。

8. 制动缸

制动缸吊挂在车底架下部。目前主要使用密封式制动缸，如图 6-17 所示，内部有活塞、皮碗、活塞杆及缓解弹簧等。货车

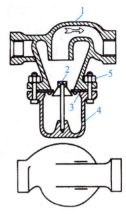

图 6-16　远心集尘器
1—离尘器体；2—止尘伞；
3—橡胶垫；4—集尘盒；
5—T 形螺栓

制动缸活塞杆一般为空心圆钢管，一端露在制动缸前盖的外部，空心管内插有推杆，推杆的另一端与基础制动装置的制动缸前杠杆相连。制动时，活塞杆被推出，活塞杆再推动推杆，带动基础制动装置起制动作用；缓解时，活塞杆缩回制动缸内，推杆便失去推力，车辆缓解。

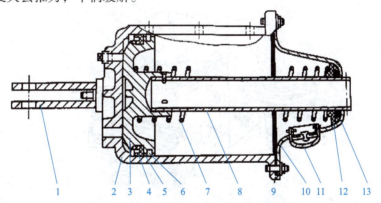

图 6-17　密封式制动缸（一体式压型前盖）
1—制动缸后杠杆托；2—缸体；3—活塞；4—Y 形自封式皮碗；5—润滑套；6—毡托；
7—缓解弹簧；8—活塞杆；9—前盖垫；10—前盖；11—滤尘器；12—弹簧座；13—滤尘套

9. 加速缓解风缸

加速缓解风缸与主阀内的加速缓解阀配合使用。其作用：当某一车辆制动机产生缓解作用时，把准备排入大气的制动缸气体引向加速缓解阀处，使加速缓解阀产生动作后再从主阀排气口排出。由于加速缓解阀产生了动作，从而使加速缓解风缸的风通过加速缓解阀进入制动管，这样，制动管内除了来自机车供风系统的压缩空气外，还有来自加速缓解风缸的风，这就是制动管的"局部增压"作用。由于"局部增压"作用，使长大货物列车后部车辆制动管充风速度加快，也就是缓解速度加快，从而减小了前后车辆缓解不一致所造成的纵向冲击和振动。

10. 空重车调整装置

货车载重量提高以后，其空车时的重量与重车时的重量相差很大，因此，制动时所需要的闸瓦压力、制动力是不一样的。若闸瓦压力仅与空车重量相适应，则重车时有可能因闸瓦压力不足而发生行车事故；若闸瓦压力仅与重车重量相适应，在空车时，闸瓦压力又过大，会把车轮抱死，造成车轮踏面擦伤，引起热轴等危及运行安全的故障。因此，在120型空气制动机中，装设了KZW-4G、TWG-1等形式的空重车自动调整装置。

讨论题1： 120型空气制动机的制动效果如何？

二、120型控制阀

120型控制阀由中间体、主阀、半自动缓解阀和紧急阀四部分组成，如图6-18所示。

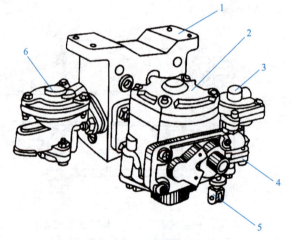

动画：铁路货车的心脏——120型控制阀

图6-18　120型控制阀
1—中间体；2—主阀；3—半自动缓解阀；4—半自动缓解阀活塞部；
5—半自动缓解阀手柄部；6—紧急阀

1. 中间体

中间体用螺栓吊挂在车底架上，它有4个垂直面，其中2个相邻的垂直面为主阀与紧急阀的安装座，另外2个垂直面为管子连接座（管座）。中间体作为安装座，它使制动主管、副风缸、加速缓解风缸及制动缸分别与主阀、紧急阀内的各对应压缩空气通路相连通。

2. 主阀

主阀安装在中间体上，是控制阀最主要的部分，它有控制制动机的充风、缓解、常用制动、紧急制动等作用。

3. 紧急阀

紧急阀也安装在中间体上，装于主阀安装面相邻的垂直面上。其作用是在紧急制动时，将制动管的风直接排向大气，使制动管产生强烈的局部减压作用，大大提高了制动管的减压速度，从而保证对全列车起紧急制动作用。

4. 半自动缓解阀

半自动缓解阀是为了方便调车作业，节省人力和减少压缩空气的消耗，而在120型空气控制阀中增设的部件，通过人工操纵，将某一车辆的制动缸压缩空气排入大气，达到单独缓解该车辆的目的。

半自动缓解阀由手柄部和活塞部两部分组成，半自动缓解阀的手柄从手柄部的下端露出，在手柄上设有向车底架两侧延伸的缓解阀拉条，以便工作人员操纵。根据运输生产需要，它有缓解、排风两个作用。

（1）缓解作用。当某一车辆要保留副风缸和加速缓解风缸的风，排出制动缸的风而单独缓解时，拉动任意一侧的缓解阀；拉缓解阀拉条时，便可带动缓解阀手柄向一侧倾斜，使副风缸、加速缓解风缸的少量或部分的压缩空气从缓解阀手柄座处的间隙排向大气，缓解阀内部零件动作，从而使制动缸的风从缓解阀活塞下部的排风口（在手柄附近）或主阀排风口（在主阀下部）排向大气，则车辆缓解。此时，副风缸、加速缓解风缸仍保留一定的压缩空气，从而减少压缩空气的消耗，使全列车再充气时间大大缩短。此时的操作方法必须是拉动缓解拉条3～5 s后，听到缓解阀活塞部下端排气口或主阀下部排气口有压缩空气排出的声音时，就可松开手，不必一直拉着，制动缸的风就会很快自动地排尽，而且缓解阀最后会自动恢复到初始位（不工作位），因此称这种缓解阀为"半自动缓解阀"。

（2）排风作用。当某一车辆不仅要排出制动缸的风，还要排出整辆车制动系统的压缩空气时，用力拉缓解阀拉条（拉足），并且一直拉着不松手，则副风缸、加速缓解风缸的风从缓解阀手柄座处的间隙排向大气。此时，主阀的主活塞在充气缓解位，制动缸的风从主阀的排气口排向大气。若此时制动管有风，则通过主阀的充气通路充入副风缸，与副风缸的风一起从缓解阀手柄座处的间隙排向大气。直到整个制动系统的风排完后，才松开缓解阀拉条。

120型空气控制阀具有充风缓解位、减速充气缓解位、常用制动位、常用制动保压位和紧急制动位五个作用位，当120型空气控制阀内的各零件处于上述各作用位时，能使空气制动机产生充风缓解、常用制动、制动保压和紧急制动等作用。

三、120型控制阀的作用原理

120型控制阀采用两种压力控制机构直接作用式，满足自动制动机的要求，并能与三通阀、分配阀混编使用，且在混编时对旧型制动机能有促进作用。其作用原理如图6-19～图6-21所示。

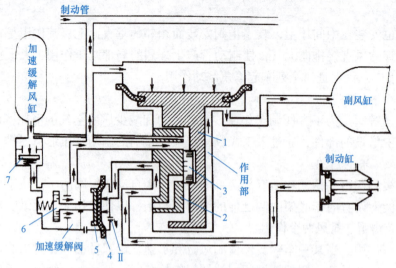

图 6-19 120 型空气控制阀充气缓解作用原理
1—主活塞；2—滑阀；3—截止阀；4—加速活塞模板；5—加速活塞；
6—加速缓解阀（夹心阀）；7—止回阀；Ⅱ—制动缸缓解排气缩孔（或限孔）

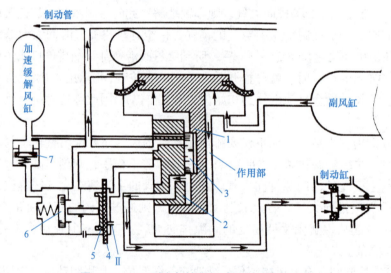

图 6-20 120 型空气控制阀减压制动作用原理
1—主活塞；2—滑阀；3—截止阀；4—加速活塞模板；5—加速活塞；
6—加速缓解阀（夹心阀）；7—止回阀；Ⅱ—制动缸缓解排气缩孔（或限孔）

1. 充气缓解作用

制动管增压，制动管压缩空气进入作用部主活塞 1 上部，推动截止阀 3、滑阀 2 下移，到达充气缓解位，制动管压缩空气经截止阀和滑阀上的充气通路向副风缸充气。同时，滑阀室经滑阀座和滑阀上的节流孔与加速缓解风缸连通，滑阀上的缓解孔槽连通了制动缸与加速活塞 5 外侧室经缩孔（或限孔）Ⅱ 排向大气的气路。由于缩孔（或限孔）Ⅱ 较小，制动缸压缩空气来不及排出而使加速活塞外侧压力上升，推动加速活塞内移，即使加速缓解阀 6 被推离阀座，加速缓解风缸的压缩空气（在制动位未使用压缩空气仍为定压）经加速缓解阀口充入制动管，加快了制动管的充气增压，从而使后部车辆制动机充气缓解作用加快实现，即提高了充气缓解波速。

制动缸压缩空气最终全部经加速活塞外侧室再经缩孔（或限孔）Ⅱ排向大气，实现缓解作用。当加速缓解风缸与制动管压力平衡后，制动管经作用部充气通路向副风缸、加速缓解风缸充气，直至达定压。副风缸充气至定压，为下次制动储备压缩空气源；加速缓解风缸充至定压，为下次制动后加速缓解储备压缩空气源。

2. 减压制动作用

制动管减压，副风缸压缩空气推动主活塞1带动截止阀3、滑阀2上移，到达制动位，副风缸压缩空气经滑阀、滑阀座上的制动通路进入制动缸，产生制动作用。

制动位加速缓解风缸压缩空气未参与制动作用，其压力仍保持在充气缓解作用结束时的制动管定压。

讨论题2：120型控制阀和列车自动空气制动机的区别是什么？

3. 制动保压作用

常用制动减压，当制动管减压量未达到最大有效减压量之前，转保压位，停止制动管减压，由于作用部仍处在制动位，副风缸继续向制动缸充气，副风缸压力继续下降，当副风缸压力接近制动管压力时，在主活塞1自重及稳定弹簧弹力作用下，主活塞1带动截止阀下移（滑阀2不动）至活塞杆上肩接触滑阀为止。这样，截止阀3遮盖住了滑阀背面的向制动缸充气的孔路，停止了副风缸向制动缸的充气，副风缸压力停止下降，制动缸压力停止上升，即实现了制动保压作用，如图6-21所示。

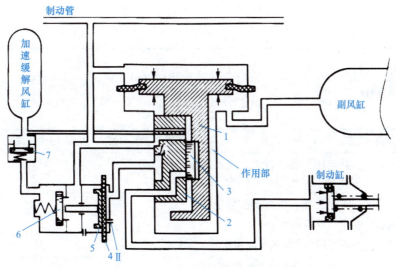

图6-21 制动后保压作用原理图

1—主活塞；2—滑阀；3—截止阀；4—加速活塞模板；5—加速活塞；
6—加速缓解阀（夹心阀）；7—止回阀；Ⅱ—制动缸缓解排气缩孔（或限孔）

任务实施

任务工单

任务场景	校内实训室		指导教师	
班级			组长	
组员姓名				
任务要求	1. 任务名称：拆解 120 型空气制动机。 2. 任务目的：了解 120 型空气制动机，学会利用资源，提高资源整合能力。 3. 演练任务：请同学们正确使用工具，完成对 120 型空气制动机的安装及拆卸			
任务分组	在这个任务中，采用分组实施的方式进行，3～5 人为一组，通过学生自荐或推荐的方法选出组长，负责本团队的组织协调工作，最后形成任务报告			
任务步骤	1. 假设你是维修人员，请完成 120 型空气制动机的拆卸工作，并查阅相关资料，制作 PPT，上台讲解。 2. 将 120 型空气制动机的各部件分别拆卸下来，拆卸时需做好标记，方便安装。 3. 检查各部件，重点检查 120 型控制阀、风缸、制动管等，将损坏部件及时更换，查阅资料，寻找部件损坏的原因。 4. 将 120 型空气制动机的各部件重新装配好，装配完成后需检验其制动性能			
任务反思	请写出你掌握的新知识点，并完成本次任务中的自我评价			

任务评价

序号	评价项目	评价内容	分值	自评 30%	互评 30%	师评 40%	合计
1	职业素养	具有团队合作能力，交流沟通能力，互相协作、分享能力	10				
		主动性强，能保质保量地完成工作页相关任务	10				
		具有精益求精的工匠精神	10				
		能采取多样化手段收集信息、解决问题	10				

续表

序号	评价项目	评价内容	分值	自评30%	互评30%	师评40%	合计
2	专业能力	报告的内容全面、完整、丰富	10				
		了解120型空气制动机的主要组成	10				
		完整拆装120型空气制动机	10				
		掌握120型空气制动机的工作原理	10				
		掌握120型空气制动机的常见故障及排除方法	10				
		语言表达准确、严谨，逻辑清晰，结构完整	10				

 任务测评

一、单选题

1．制动管是车辆上贯通压缩空气的通路，贯通车辆车底架全长管路的为（　　）。

　　A．制动主管　　　　B．制动支管　　　　C．制动大管　　　　D．制动小管

2．紧急阀也安装在中间体上，装于主阀安装面相邻的垂直面上。其作用是在紧急制动时，将制动管的风直接排向（　　）。

　　A．制动缸　　　　　B．大气　　　　　　C．副风缸　　　　　D．制动管

3．制动位加速缓解风缸压缩空气（　　）参与制动作用，其压力仍保持在充气缓解作用结束时的制动管定压。

　　A．一直　　　　　　B．有时　　　　　　C．未曾　　　　　　D．可能

二、简答题

1．简述120型控制阀总体结构。

2．半自动缓解阀的作用有什么？请分别阐述一下。

3．简述120型控制阀的作用原理。

 **拓展阅读**

拓展阅读

任务五 拆解 104 型电空制动机

知识目标

1. 了解 104 型空气制动机。
2. 了解压力表和紧急制动阀。

技能目标

1. 掌握 104 型电空制动机的组成。
2. 掌握 104 型电空制动机的工作原理。

素养目标

1. 具备良好的职业道德。
2. 具备良好的团队沟通协调能力。
3. 学习传承工匠精神。

任务描述

速度在 120 km/h 以上的客车广泛采用 104 型电空制动机。你对 104 型电空制动机有哪些了解？你能否正确完成 104 型电空制动机的拆卸和装配工作？

相关知识

序号	内容	讲解视频
1	视频：小小英雄——104 分配阀	

一、104 型空气制动机

104 型空气制动机由 104 型分配阀、压力风缸、副风缸、闸瓦间隙自动调整器、截断塞门、远心集尘器、制动管、折角塞门及制动软管、缓解阀等组成，如图 6-22 所示。此外，在制动主管的一端连接一根支管，此支管穿过地板伸至车厢内部，上端安装风表和紧急制动阀。

104 型分配阀由中间体、主阀和紧急阀三部分组成，其安装方法同 120 型控制阀。中间体、主阀和紧急阀的作用也与 120 型控制阀的各作用基本相似。

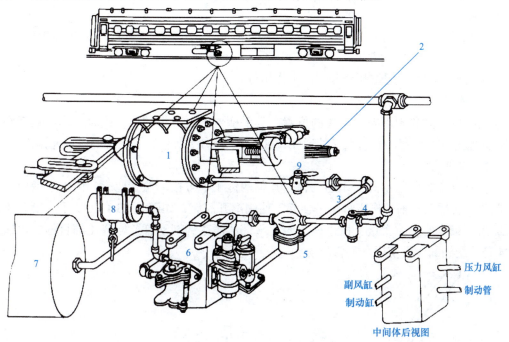

图 6-22 104 型空气制动机
1—制动缸；2—闸瓦间隙自动调整器；3—制动缸管；4—截断塞门；
5—远心集尘器；6—104 型分配阀；7—副风缸；8—压力风缸；9—制动缸排气塞门

二、压力表

在每辆客车、守车内部都装有压力表，装在从制动主管引出的直立支管上。压力表内设有刻度盘和指针，以便乘务人员观察制动管内压缩空气的压力大小。列车出发前，制动管内压缩空气的压力必须达到规定值，超过或不足时应做相应处理。

讨论题 1：压力表读数不正常该如何处理呢？

三、紧急制动阀

在客车、守车内设有紧急制动阀，一般和风表装设在一起。紧急制动阀又称车长阀。当列车在运行途中遇到紧急情况需要立即停车时，列车乘务人员（或守车上的运转车长）可使用紧急制动阀使列车紧急停车。

（一）紧急制动阀的构造和作用

紧急制动阀的构造如图 6-23（a）所示，它由手柄、偏心轴、阀、阀座、阀体及排风孔等组成。

平时手柄向上，并打上铅封，以便检查和监督使用情况。运转车长在接受列车时，应注意检查铅封是否完好。

紧急制动阀有关闭位和全开位两个作用位。

1. 关闭位

关闭位是紧急制动阀不工作的位置，其手柄位于上方极端位。此时，偏心轴将阀紧压在阀座上，截断制动管与大气的通路，如图 6-23（b）所示，制动管的风不能排出。

2. 全开位

全开位是紧急制动阀工作的位置，其手柄位于下方极端位。此时，由于手柄由上向下扳动，通过偏心轴的作用将阀杆顶起，使阀离开阀座，如图 6-23（c）所示，制动管的风经阀与阀座的空隙大量、快速地排向大气，从而达到制动管急剧降压的目的，再通过104 型分配阀的作用使列车紧急制动。

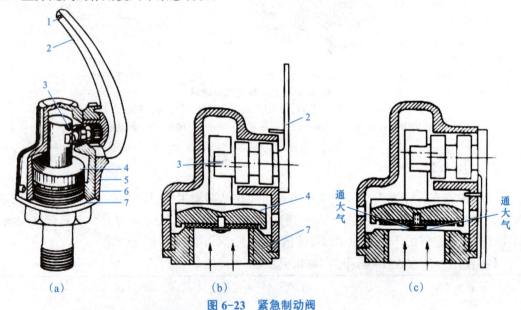

图 6-23　紧急制动阀
（a）直观图；（b）关闭位剖视图；（c）全开位剖视图
1—铅封口；2—手柄；3—偏心轴；4—阀；5—阀体；6—排风孔；7—阀座

（二）紧急制动阀使用的有关规定

（1）运转车长（包括旅客列车乘务员）在发现下列危及行车和人身安全情形时，应使用紧急制动阀停车：

1）车辆燃轴或重要部件损坏。

2）列车发生火灾。

3）有人从列车上坠落或线路内有人死伤（快速旅客列车不危及本列车运行安全时除外）。

4）能判明司机不顾停车信号，列车继续运行。

5）列车无任何信号指示，进入不应进入的地段或车站。

6）其他危及行车和人身安全必须紧急停车时。

（2）使用紧急制动阀时，为使列车尽快停车，不必先行破封（不必先将铅封印线拉断），应立即将手柄扳到全开位，不得中途停顿和关闭；若遇弹簧手把（旧型紧急制动阀的握柄）时，在列车完全停车以前不得松手。以防列车中的车辆制动、缓解不一致，造成断钩或不能使列车紧急停车。

讨论题 2： 你知道高速列车组是如何制动的吗？

四、104 型电空制动机简介

速度在 120 km/h 以上的客车采用电空制动机。104 型电空制动机的组成包括 104 型电空分配阀、制动管、制动缸、工作风缸、缓解风缸、远心集尘器及截断塞门、缓解阀、车长阀、止回阀、缓解指示器和制动软管连接器等。104 型电空分配阀是 104 型客车空气分配阀与电控电磁阀的结合。104 型电空分配阀主要包括主阀、中间体、电磁阀部、紧急放风阀和缓解风缸等。104 型电空分配阀的主阀同 104 型客车空气分配阀的主阀基本一致，所不同的是将容积室的排气口引入中间体，然后由中间体引向电磁阀部的保压电磁阀，在运行缓解状态时该气路经保压电磁阀排气，以确保制动机处于缓解状态。电磁阀由制动、缓解、保压三个电磁阀组成。装有电磁阀的连接体将主阀和中间体连成一体，上设缓解风缸安装孔和充气止回阀，其中充气止回阀供副风缸向缓解风缸充气。中间体、紧急放风阀及紧急室的容积与原 104 型客车空气分配阀相同。

任务实施

任务工单

任务场景	校内实训室	指导教师	
班级		组长	
组员姓名			
任务要求	1. 任务名称：拆解 104 型空气制动机。 2. 任务目的：了解 104 型空气制动机，学会利用资源，提高资源整合能力。 3. 演练任务：请同学们正确使用工具，完成对 104 型空气制动机的安装及拆卸		
任务分组	在这个任务中，采用分组实施的方式进行，3 ～ 5 人为一组，通过学生自荐或推荐的方法选出组长，负责本团队的组织协调工作，最后形成任务报告		
任务步骤	1. 假设你是维修人员，请完成 104 型空气制动机的拆卸工作，并查阅相关资料，制作 PPT，上台讲解。 2. 将 104 型空气制动机的各部件分别拆卸下来，拆卸时需做好标记，方便安装。 3. 检查各部件，重点检查 104 型分配阀、风缸、制动管等，将损坏部件及时更换，查阅资料，找寻部件损坏原因。 4. 将 104 型空气制动机的各部件重新装配好，装配完成后需检验其制动性能		
任务反思	请写出你掌握的新知识点，并完成本次任务中的自我评价		

任务评价

序号	评价项目	评价内容	分值	自评 30%	互评 30%	师评 40%	合计
1	职业素养	具有团队合作能力，交流沟通能力，互相协作、分享能力	10				
		主动性强，能保质保量地完成工作页相关任务	10				
		具有精益求精的工匠精神	10				
		能采取多样化手段收集信息、解决问题	10				

续表

序号	评价项目	评价内容	分值	自评30%	互评30%	师评40%	合计
2	专业能力	报告的内容全面、完整、丰富	10				
		了解104型空气制动机的主要组成	10				
		完整拆装104型空气制动机	10				
		掌握104型空气制动机的工作原理	10				
		掌握紧急制动阀使用的有关规定	10				
		语言表达准确、严谨，逻辑清晰，结构完整	10				

任务测评

一、单选题

1. 在每辆客车、守车内部都装有压力表，装在从制动主管引出的直立支管上。压力表内设有刻度盘和指针，以便乘务人员观察制动管内（　　）的压力大小。

　　A. 大气　　　　　　B. 压缩空气　　　　　C. 膨胀空气　　　　D. 水蒸气

2. 在客车、守车内设有紧急制动阀，一般和风表装设在一起。紧急制动阀又称（　　）。

　　A. 车长阀　　　　　B. 车中阀　　　　　　C. 车短阀　　　　　D. 车阀

3. 电磁阀由制动、（　　）、保压三个电磁阀组成。

　　A. 稳定　　　　　　B. 缓解　　　　　　　C. 加速　　　　　　D. 减速

二、简答题

1. 104型分配阀由哪些构件组成？

2. 简述紧急制动阀的构造和作用。

3. 简述104型电空制动机的组成和工作原理。

拓展阅读

拓展阅读

任务六　基础制动装置和人力制动机解析

知识目标

1. 了解货车基础制动装置。
2. 了解人力制动机。

技能目标

1. 掌握基础制动装置的组成和作用原理。
2. 掌握人力制动机的用途、分类和工作原理。

素养目标

1. 具备良好的职业道德。
2. 具备良好的团队沟通协调能力。
3. 具备科学的精神和态度。

任务描述

人力制动机是铁路车辆自带的一种防溜器具，类似汽车的手刹。如果让你操作链条式人力制动机或掣轮式人力制动机，你能让火车停下来吗?

相关知识

序号	内容	讲解视频
1	货车基础制动装置	

一、货车基础制动装置

（一）货车基础制动装置的组成

货车基础制动装置设在车底架下部以及转向架上，由制动缸活塞杆至闸瓦间的一系列杠杆、拉杆、制动梁以及闸瓦间隙自动调整器等组成。通过基础制动装置的作用，把制动缸活塞杆的推力或人力制动机的人力（制动原力）增大若干倍数后平均地传给每块闸瓦，使闸瓦压紧车轮而产生制动作用。

讨论题 1： 货车基础制动装置是如何实现制动力放大的呢？

（二）货车基础制动装置的作用原理

现以货车单侧闸瓦式基础制动装置为例（图 6-24），说明其作用原理。

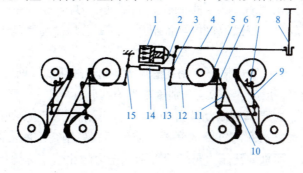

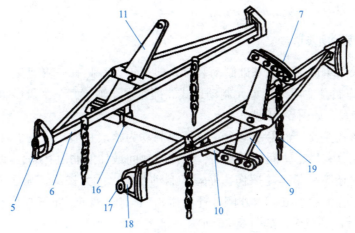

图 6-24 货车单侧闸瓦式基础制动装置

1—制动缸；2—活塞杆；3—制动缸前杠杆；4—手制动拉杆；5—闸瓦；6—制动梁；
7—固定杠杆支点；8—手制动轴；9—固定杠杆；10—下拉杆；11—制动杠杆；
12—上拉杆；13—连接拉杆；14—闸瓦间隙自动调整器；15—制动缸后杠杆；
16—安全吊；17—滚子轴；18—滚动套；19—安全链

当使用手制动机并旋转手轮时，手制动轴8随之转动，手制动链卷在轴上，并拉动手制动拉杆4。手制动拉杆带动制动缸前杠杆3，通过制动缸前杠杆再分别拉动一位上拉杆12及连接拉杆13，由一位上拉杆12拉动一位制动杠杆11。一位制动杠杆一方面将二位制动梁6拉向车轮，另一方面又推动其下端的一位下拉杆10，使固定杠杆9上的一位制动梁两端的闸瓦压紧车轮。

由于连接拉杆13的移动，使制动缸后杠杆15牵动二位上拉杆，再通过二位转向架上的制动杠杆、下拉杆及固定杠杆的作用，使三位、四位制动梁两端的闸瓦压向车轮。

当使用空气制动机时，压缩空气进入制动缸后，使活塞杆推动推杆，推杆再推动制动缸前杠杆的一端，以后的动作与人力制动机传递动作完全相同。

（三）制动倍率

为了在制动时得到必要的制动力，就必须有一定的闸瓦压力。闸瓦压力来自制动缸活塞杆的推力（或人力），而活塞杆推力的大小与制动缸直径和容器压力的大小成正比。在制动缸直径和压力确定后，为了得到较大的闸瓦压力，一般将制动缸活塞杆上的推力经过基础制动装置放大一定倍数再传至各闸瓦。闸瓦总压力与制动缸活塞杆推力的比值，称为制动倍率，即

$$制动倍率 = 闸瓦总压力 / 制动缸活塞杆推力$$

车辆的制动倍率一般为 6～9，个别货车为 10 以上。

在制动过程中，由于基础制动装置中各杠杆、拉杆销等连接处的摩擦，制动缸缓解弹簧的作用力，制动缸活塞与缸壁的摩擦，使作用在各闸瓦上的实际压力小于理论计算的闸瓦压力。车辆实际总闸瓦压力与理论总闸瓦压力的比值，称为传动效率或制动效率，货车一般按 90% 计算。

（四）单元制动形式

货车一般采用单侧闸瓦式基础制动装置，即车轮仅一侧有一块闸瓦。120 km/h 以上速度的 25 型客车目前主要采用单元制动形式，即每根车轴装有 2 个盘形制动装置和 2 个单侧踏面制动装置，如图 6-25 所示。

单元制动形式主要以盘形制动为主，踏面制动为辅，并加装了电子防滑器。电子防滑器的作用是充分利用轮轨间的黏着力，保持轮轨间最佳的润滑状态，使车辆不仅不会发生滑行，同时还减少了车轮擦伤，缩短了制动距离，大大提高了旅客列车的安全性。盘形制动单元装置由制动缸、内外侧杠杆 7 和 8、杠杆吊座 6、左右闸片托 3 和 2、闸片 1、闸片吊销 5 等部件组成，如图 6-26 所示。

单侧闸瓦基础制动装置结构简单，便于检修。但车辆总闸瓦压力受到闸瓦强度的限制，不易提高制动力。盘形制动单元的制动缸积较小，节省压缩空气；各种杠杆尺寸较小，可以直接安装在转向架上，能减轻车辆自重；不让闸瓦直接磨耗车轮踏面，可延长车轮使用寿命。此时的单侧踏面制动主要起清扫作用。

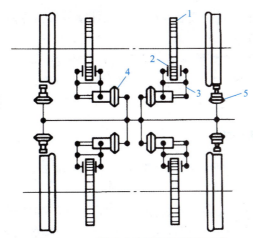

图6-25　25型客车盘形制动装置示意
1—制动盘；2—闸片；3—钳形杠杆；4—盘形制动单元；5—踏面清扫器

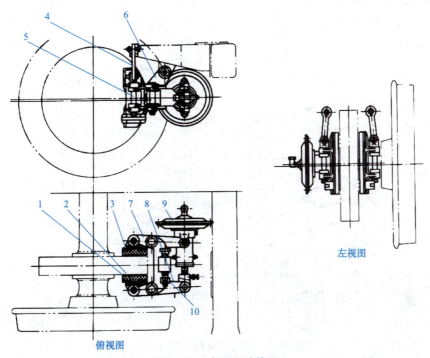

左视图

俯视图

图6-26　盘形制动单元
1—闸片；2—右闸片托；3—左闸片托；4—闸片托吊；5—闸片吊销；
6—杠杆吊座；7—内侧杠杆；8—外侧杠杆；9—膜式制动缸；10—螺杆

二、货车人力制动机

人力制动机又称手制动机或手闸，一般装在车的一位端，其主要用途如下：

（1）在列车编组、解体等调车作业时，用于调速和停车，提高调车效率，保证调车作业安全。

（2）在列车运行途中，当空气制动机由于某种原因失去作用时，用于代替空气制动机车安全运行到前方车站。

（3）当列车或车辆停留在线路上时，用于防止车辆发生溜逸。

目前，货车人力制动机主要有链条式（旋转式）和掣轮式（盒子式）两种。此外，在运煤专用敞车及工矿企业的敞车上，还装有FSW型垂直轮式人力制动机。

（一）链条式人力制动机

链条式人力制动机根据手制动轴的构造不同，可分为固定式和折叠式两种。

1. 固定式链条人力制动机

固定式链条人力制动机大多使用在棚车、敞车、罐车等类车辆上。我国绝大部分货车采用这种人力制动机。其构造如图6-27所示，手制动轴的上部装有一个手制动手轮。在手制动轴中部的端墙上设有手制动踏板（制动台），供制动员站立操作。踏板上设有为防止手制动轴逆转的棘轮、棘子及棘子锤。手制动轴下方设有手制动轴托，以支撑制动轴；上方设有导架能保持手制动轴正位。手制动轴下端与手制动链连接，手制动链又与手制动拉杆连在一起，以便在制动时牵动制动缸前杠杆。

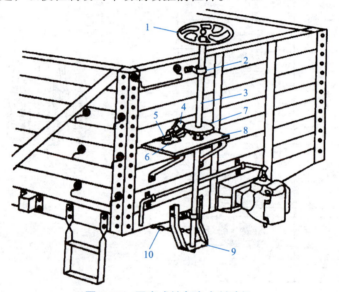

图6-27 固定式链条人力制动机

1—手制动手轮；2—手制动轴导架；3—手制动轴；4—棘子锤；5—棘子；
6—棘子托；7—棘轮；8—手制动踏板；9—手制动轴托；10—手制动链

制动时，翻转棘子锤，使其压在棘子的一端，则棘子的另一端卡在棘轮的齿间，防止手制动轴逆转。顺时针方向旋转手轮时，手制动轴随之转动，则手制动链卷绕在手制动轴上，牵动手制动拉杆，通过基础制动装置的传动使闸瓦压紧车轮。将手松开后，棘子卡在棘轮上使手制动轴不能逆转，从而保持其制动状态。

缓解时，将棘子锤提起放在棘轮上方，用力将手轮稍向顺时针方向旋转，使棘子靠其自重离开棘轮，借其反作用力并反方向旋转手轮，使手制动轴逆转，松开手制动链，即可使制动机缓解。此时，虽然闸瓦可能未离开车轮，但已无闸瓦压力，制动机呈缓解状态。

讨论题 2： 你见过固定式链条人力制动机吗？它是如何工作的呢？

2. 折叠式链条人力制动机

折叠式链条人力制动机使用于平车、长大货物车等车辆上，其构造如图 6-28 所示。手制动轴制成上下两部分，用活节及销子连接，并用轴套将两部分固定在一起。不使用时，将轴套上推，露出活节，以销子为轴，把手制动轴上部放倒，放在手制动轴手把托内，以免妨碍货物装卸；使用时，将手把轴竖起，拉下轴套，套在活节处，将手制动轴上下两部分固定在一起。同时将手制动轴放入轴卡座，用销子固定轴卡板，以防手制动轴倾斜。

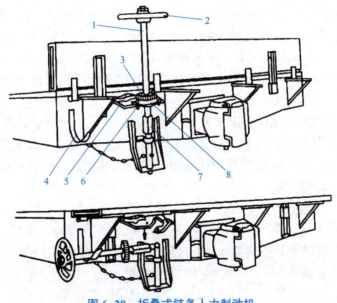

图 6-28　折叠式链条人力制动机
1—手制动轴；2—手制动手轮；3—棘轮；4—手制动轴手把托；
5—棘子；6—止销；7—轴套；8—轴卡板

折叠式链条人力制动机的操作方法和固定式相同。

（二）掣轮式人力制动机

掣轮式人力制动机一般用于冰箱冷藏车和家畜车，它由掣轮、制动手把、缓解手把及手制动链等组成，如图 6-29 所示。缓解手把的尖端依靠弹簧的作用紧压在掣轮齿间，防止制动时掣轮逆转。

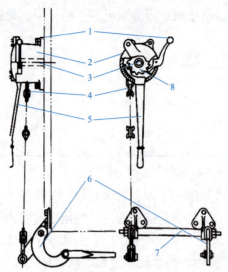

图 6-29　掣轮式人力制动机

1—缓解手把；2—掣轮盒；3—轮轴；4—手制动链；5—制动手把；6—曲杠杆；7—曲杠杆轴；8—掣轮

制动时，将制动手把左右往复扳动，手把始端扳动掣轮转动，轮轴随同转动，由于缓解手把尖端的作用，掣轮和轮轴不能转动。此时，手制动链缠绕在轮轴上，通过曲杠杆牵动拉杆，再通过基础制动装置，使车辆制动机产生制动作用。

缓解时，扳动缓解手把，使其尖端离开掣轮，则掣轮借链条自重及反作用力而松开手制动链，使车辆制动机缓解。

链条式人力制动机性能好、操作灵活、制动力比较大，便于对溜放车组调速，但在使用时比较费力。掣轮式人力制动机装设的位置较低，站在车端脚凳上，一手抓扶把，一手往复扳动制动手把，但制动作用比较慢，使用比较困难。因此在溜放调速选闸时，一般选用链条式人力制动机。

客车人力制动机装设在一位通过台的一侧，其类型主要有丝杠式（螺旋式）和蜗轮蜗杆式两种。其结构虽与货车人力制动机有所不同，但作用原理基本相同。需要使用时，只要将摇把拉出，使其离开内端墙凹槽，再按照涂在其上方墙板上的箭头所示方向旋转，就可以使制动机产生制动作用；反转可产生缓解作用。

客车禁止溜放，因此客车人力制动机只在空气制动机失效或防止停留客车移动时使用。

 **任务实施**

任务工单

任务场景	校内实训室	指导教师	
班级		组长	
组员姓名			

续表

任务要求	1. 任务名称：认识基础制动装置和人力制动机。 2. 任务目的：了解基础制动装置和人力制动机，学会利用资源，提高资源整合能力。 3. 演练任务：请同学们分析基础制动装置的作用和工作原理，在教师的指导下操作人力制动机
任务分组	在这个任务中，采用分组实施的方式进行，全班分为两组，通过学生自荐或推荐的方法选出组长，负责本团队的组织协调工作，最后形成任务报告
任务步骤	1. 假设你是操作人员，该如何使用人力制动机？请查阅相关资料，制作PPT，上台讲解。 2. 两组学生分别完成链条式和掣轮式人力制动机的工作原理讲解。 3. 现场操作链条式和掣轮式人力制动机，完成人力制动机的制动和缓解
任务反思	请写出你掌握的新知识点，并完成本次任务中的自我评价

任务评价

序号	评价项目	评价内容	分值	自评30%	互评30%	师评40%	合计
1	职业素养	具有团队合作能力，交流沟通能力，互相协作、分享能力	10				
		主动性强，能保质保量地完成工作页相关任务	10				
		精益求精的工匠精神	10				
		能采取多样化手段收集信息、解决问题	10				
2	专业能力	报告的内容全面、完整、丰富	10				
		了解基础制动装置的作用和工作原理	10				
		掌握链条式和掣轮式人力制动机的工作原理	10				
		能够操作链条式和掣轮式人力制动机	20				
		语言表达准确、严谨，逻辑清晰，结构完整	10				

任务测评

一、单选题

1. 活塞杆推力的大小与制动缸直径和容器压力的大小（　　）。

  A. 成正比　　　　B. 成反比　　　　C. 相等　　　　D. 不确定

2. （　　）人力制动机大多使用在棚车、敞车、罐车等类车辆上。

  A. 折叠式链条　　B. 固定式链条　　C. 掣轮式　　　D. 旋转式

3. （　　）人力制动机使用于平车、长大货物车等车辆上。

  A. 折叠式链条　　B. 固定式链条　　C. 掣轮式　　　D. 旋转式

二、简答题

1. 简述货车基础制动装置的组成。

2. 什么是制动倍率？

3. 简述货车人力制动机的主要用途。

拓展阅读

拓展阅读

参 考 文 献

［1］张有松，朱龙驹. 韶山 4 型电力机车［M］. 北京：中国铁道出版社，1998.

［2］马军强. 铁道机车车辆［M］. 成都：西南交通大学出版社，2013.

［3］王化夷. 电力机车机械部分［M］. 北京：中国铁道出版社，1984.

［4］程怀汶. 电力机车总体及走行部［M］. 北京：中国铁道出版社，2009.

［5］蔡庆华，华茂崑，鞠家星，等. 中国铁路创新技术工程［M］. 北京：中国铁道出版社，2000.

［6］中华人民共和国铁道部. 铁路技术管理规程［M］. 北京：中国铁道出版社，2006.